Keisoku no Tameno Analog Kairosekkei
by Toshiaki Enzaka

Originally published in Japan by CQ Publishing Co., Ltd., Tokyo.
Chinese(in simplified character only) translation rights arranged with
CQ Publishing Co., Ltd., Japan.

計測のためのアナログ回路設計
遠坂俊昭　CQ 出版株式会社　2005

著 者 简 介

远坂俊昭

1949 年　生于群马县新田郡薮塚本町
1966 年　创办业余无线局 JAIWVF
1972 年　毕业于电气通信大学短期大学部通信工程专业
1973 年　进入(株)三工社
1976 年　开发 ATS 用 Q 表(专利号第 1005344 号)
1977 年　进入(株)NF 电路设计
现　在　担任(株)NF 电路设计通用系统事业部主任

图解实用电子技术丛书

测量电子电路设计

——模拟篇

从 OP 放大器实践电路到微弱信号的处理

〔日〕 远坂俊昭 著

彭 军 译

科学出版社

北 京

图字：01-2005-4936 号

内 容 简 介

本书是“图解实用电子技术丛书”之一，也是《测量电子电路设计——滤波器篇》的姊妹篇。

“噪声”是影响电路性能的重要因素之一。本书的主题是“噪声”和“负反馈”。第1～3章讨论电路内部所产生的噪声；第5、6章介绍了抑制外来噪声的电路技术。本书的各章节都涉及“负反馈”的内容，特别是第4章介绍负反馈电路的基本分析方法以及实现稳定放大器的负反馈设计方法。本书也给出了大量的实验数据和计算机模拟结果，尽可能使所学的知识具体化。

滤波器篇中主要介绍如何从放大了的信号中除去有害噪声，提取有用信号的滤波技术。

本书的读者对象主要是电子工程技术人员，也可供电子、自动化、仪器仪表等相关专业的师生参考学习。

图书在版编目(CIP)数据

测量电子电路设计：模拟篇/(日)远坂俊昭著；彭军译．—北京：科学出版社，2006（2023.10重印）

(图解实用电子技术丛书)

ISBN 978-7-03-017161-0

Ⅰ.①测… Ⅱ.①远…②彭… Ⅲ.①测量-电子电路 Ⅳ.TM930.111-64

中国版本图书馆 CIP 数据核字(2006)第 037965 号

责任编辑：赵方青 崔炳哲 / 责任制作：魏 谨

责任印制：霍 兵 / 封面设计：李 力

北京东方科龙图文有限公司 制作

科学出版社 出版

北京东黄城根北街 16 号

邮政编码：100717

http://www.sciencep.com

北京虎彩文化传播有限公司 印刷

科学出版社发行 各地新华书店经销

*

2006 年 6 月第 一 版 开本：B5(720×1000)

2023 年10月第二十次印刷 印张：10 1/2

字数：152 000

定 价：35.00 元

(如有印装质量问题，我社负责调换)

前　言

最近，科技杂志上几乎清一色都是有关计算机软件的文章。硬件，特别是模拟电路似乎已经过时了，只是偶尔以一种怀旧的情调出现而已。模拟电路技术工作者好像生不逢时。现在社会上开始出售所谓的“模拟酒”，难道这表明怀旧模拟的人们在钻“数字社会”的空子吗，还是意味着开始刮起“怀旧”的旋风？真是让人不可理解的社会呀！

当然，绝不是模拟电路技术没有进步。以 OP 放大器为例，几年前处理 MHz 信号的器件还只是陶瓷封装器件，其功耗很大，摸着就烫手；而现在消耗的电流已经降低到只有数 mA，实现了表面实装型。所以，说模拟电路技术停滞不前是不符合实际的。

计算机模拟等设计方法的运用使得模拟电路的设计发生了很大的变化。计算机特别是个人计算机以及高性能软件的普及，已经能够使电路图编辑器和电路模拟器得到了广泛的应用。在优胜劣汰的激烈竞争中，也要求人们必须熟练地运用模拟 ASIC(专用集成电路)。

在模拟电路世界里，计算机的使用引起了理论框架的巨大改变。这种变化也许会带来与真空管向半导体的理论框架变化相匹敌的变革。

这就是模拟电路的世界。模拟技术人才的培养和造就仍然需要一定的时间，这是因为与数字技术或软件相比，模拟技术所涉及的知识面更宽，繁多的器件种类就说明了这一点。要从众多的模拟电路种类中挑选出最适合、最理想的器件，不仅需要有丰富的经验，更需要具备最新的知识。而且，由于设计环境的不同，选择的条件也就不同。

模拟电路世界中的基本知识永远是必须具备的。现代电子设备的设计中，可以不需要曾经是逻辑电路器件主流的 DTL(二极管晶体管逻辑，也许现在许多人已经不知道它了)或者 TTL，还有曾经是微机 OS(Operating System，操作系统)主流的 CP/M(操作系统之一，知道它的人大概也不多了)的知识。但是，模拟电路中欧姆定律或者电阻产生热噪声等方面的知识却是不可缺少的。为了学习这些必要的模拟技术，老师的指导是不可缺少的。但是，不见得谁都能找到最合适的老师。庆幸的是我们可以找到许多模拟电路方面的优秀著作，本书就是其中之一。

本书涉及的内容不过是模拟电路领域中很少的一部分。但是给出的大量实验数据和计算机模拟结果，可以使学习的知识具体化。本书中使用的模拟试验都是用 PSoice/CQ 版 Ver. 5 进行的。

本书的主题是“噪声”和“负反馈”。

设计模拟电路的场合，不仅要关注电路的动作，更重要的是深刻理解决定电路性能的各种因素。其中一个重要的因素就是噪声。

噪声可分为设备内部产生的噪声和外部混入的噪声。第1～3 章介绍内部产生的噪声；第 5、6 章介绍抑制外来噪声的电路技术。

几乎可以说模拟电路中到处都会涉及“负反馈”的概念。最近，由于 OP 放大器性能的提高，关于“负反馈”的话题少了。但是深刻理解“负反馈”仍然是非常必要的。

本书的各章节都涉及了“负反馈”的内容，特别是第 4 章详细地介绍了负反馈电路的基本分析方法以及实现稳定的放大器的负反馈设计方法。

最后，向给予本书出版机会的 CQ 出版株式会社的蒲生良治先生，对作者的写作以及本书的出版给予帮助的(株)NF 电路设计常务董事荒木邦弥先生致以深深的谢意。

著 者

目　录

第1章 前置放大器的低噪声技术

检测微弱信号过程中最关键的部分就是传感器。而要充分发挥传感器的功效,并将检测信号放大为易于处理的信号电平,需要前置放大器完成此任务。

在进入具体的设计之前,首先介绍为了最大限度地获得 S/N(Signal(信号)对 Noise(噪声)之比)的电路技术。

1.1 前置放大器应该具备的性能

1.1.1 能够可靠地放大信号

在详细介绍电路技术之前,首先了解传感器用前置放大器的基本性能要求(图 1.1)。

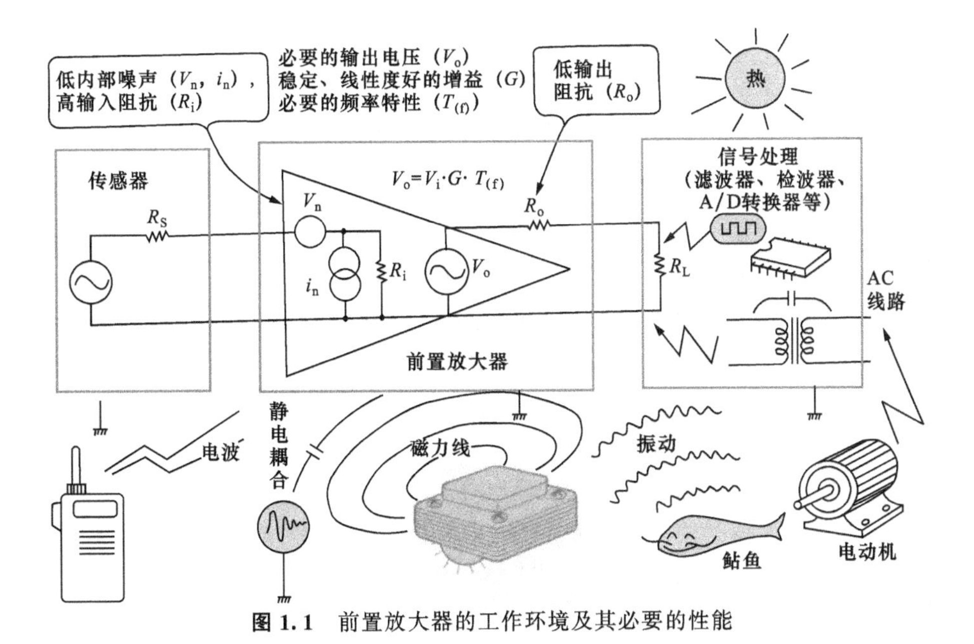

图 1.1 前置放大器的工作环境及其必要的性能

① 前置放大器内部的噪声小，也不易受外来噪声的影响。

② 前置放大器的输入阻抗要比传感器的输出阻抗高得多。

③ 增益-频率特性能够覆盖必要的频带。

④ 具有必要的增益，当温度等因素变化时具有良好的稳定性。

⑤ 具有良好的增益线性，失真小。

⑥ 为了能够获得必要的输出电压，输出阻抗要小，且不易受负载的影响。

在进行设计时应该满足以上各项要求。而且基于提高增益的稳定性、频率特性的平坦性和直线性的要求，还应该减少输入输出间的相位变化，减小输出阻抗，这就是图 1.2 所示的负反馈(Negative Feedback)技术所承担的重要任务。关于负反馈技术将在第 4 章作详细说明。

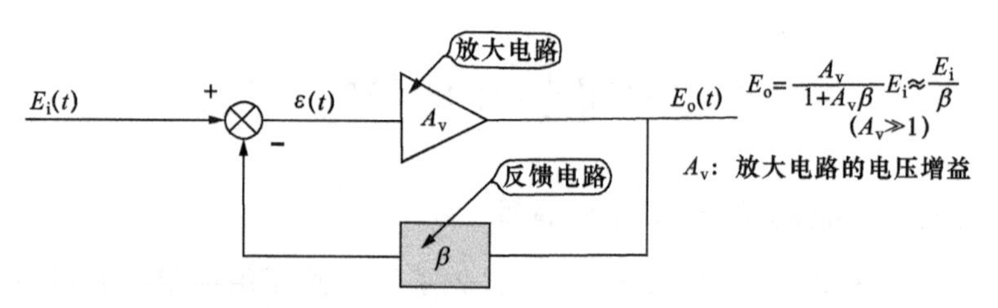

负反馈的作用:
① 能够方便地设定增益（由β电路设定）。 ② 增益的变动小（基本上由β电路决定）。 ③ 能够改善频率特性。 ④ 能够实现任意的频率特性（β电路具有频率特性）。 ⑤ 改善线性度，减少失真。 ⑥ 输入输出阻抗可以按照负反馈的方法而改变。

图 1.2 负反馈的作用

1.1.2 低频电路的输入阻抗要高

低频前置放大器要求能够无损失地获取传感器中发生的信号，并且尽量提高该信号与前置放大器中产生的噪声的比值。因此，需要提高前置放大器的输入阻抗，使它比信号源的阻抗高得多。

图 1.3 中，输出阻抗为 1kΩ、输出 10mV 的传感器连接到增益为 100 倍、输入短路时噪声输出为 1mV 的前置放大器上，前置放大器的输入阻抗分别有 1kΩ 和 1MΩ 两种情况。我们看到，前置放大器 A 的输出是信号 500mV/噪声 1mV；前置放大器 B 的输出是信号 999mV/噪声 1mV。

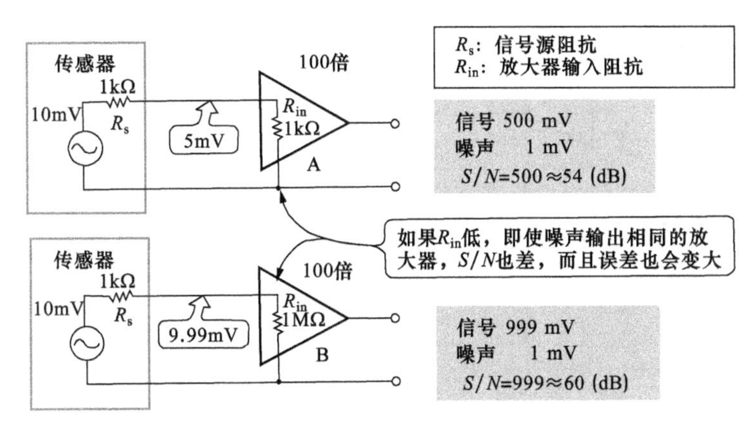

图 1.3 在低频情况下，信号源阻抗要满足 $R_{in} \gg R_s$

A 的信号输出比 B 的输出小也是问题，更重要的是 A 的前置放大器输出信号 S 与噪声 N 的比值比 B 小。把这个信号与噪声之比称为信噪比，记为 S/N。如果 S/N 一旦变小，那么不管后级连接性能怎么好的放大器也无法改善这个值。

因此，为了确保高的 S/N，必须提高输入阻抗，无损失地获取传感器发生的信号，尽量减少前置放大器内部发生的噪声。这对于提高信噪比 S/N 非常重要。

而且，为了正确获取并放大传感器发生的电压，也需要尽可能提高输入阻抗。

但是这是对低频电路而言。在信号波长相对于传输电缆线长度不可忽略的高频电路中，当信号源阻抗与输入阻抗不同时，就会产生驻波，导致频率特性混乱。

在高频电路中，使信号源阻抗、电缆线阻抗以及前置放大器的输入阻抗三者相等，且要进行匹配是原则。

1.1.3 前置放大器中采用非反转放大电路

使用 OP 放大器的前置放大电路中，如图 1.4 所示，由于负反馈技术的运用，有反转放大电路和非反转放大电路两种熟知的电路形式。反转放大器的输入阻抗几乎与 R_1 相当。因此，反转放大电路中为了提高输入阻抗，需要提高 R_1 的值。

但是在低噪声前置放大器中，电阻 R_1 的值成为问题的关键。之所以这样说，是因为电阻器会产生热噪声，电阻值越大，热噪声也就越大。

所以在低频低噪声前置放大器中，采用能够降低反馈电路的电

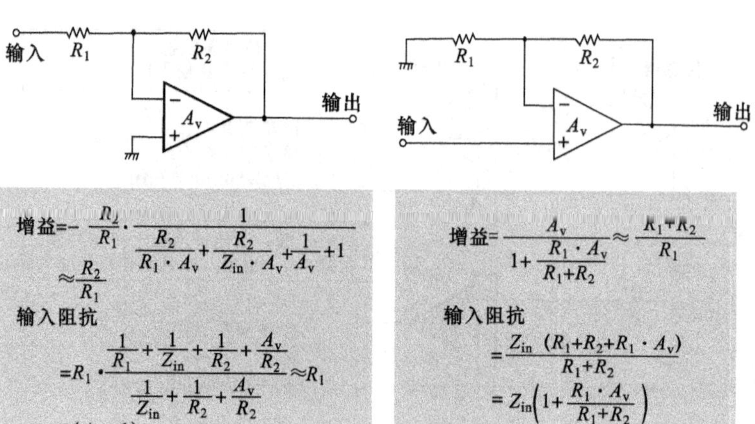

A_v：OP放大器的电压增益；Z_{in}：OP放大器的输入阻抗。

（a）反转放大器　　（b）非反转放大器

图 1.4 两种典型的放大电路

阻值 R_1 并且能够提高输入阻抗值的非反转放大器是有利的。

从图 1.4(b)也可以看出，非反转放大电路的输入阻抗由于负反馈作用能够比 R_1 的值大很多。

1.2 热噪声(Thermal Noise)

1.2.1 电阻中产生的热噪声

前面已经提到电阻器产生热噪声的问题。在讨论噪声问题时，这种热噪声是各种噪声的基础。热噪声是由导体内部的自由电子做布朗运动引起的，其大小由下式决定：

$$v_n=\sqrt{4kTRB}\ (V_{rms}) \tag{1.1}$$

式中，k 为玻尔兹曼常量(1.38×10^{-23}J/K)；T 为绝对温度(K)；R 为电阻值(Ω)；B 为带宽(Hz)。

为方便计算起见，令式中 $T=300$K(27℃)，则有

$$v_n=0.126\sqrt{R(\mathrm{k\Omega})\times B(\mathrm{kHz})}\ (\mu V_{rms}) \tag{1.2}$$

由上式可得，电阻器产生的热噪声与温度、电阻值、带宽三个参数的平方根成比例。热噪声在频谱图中是均匀的。如图 1.5 所示，只要带宽相同，不论在什么频率范围内，其振幅值都是相等的。

例如，温度为 27℃，1kΩ 的电阻在以 1kHz 为中心的 100Hz

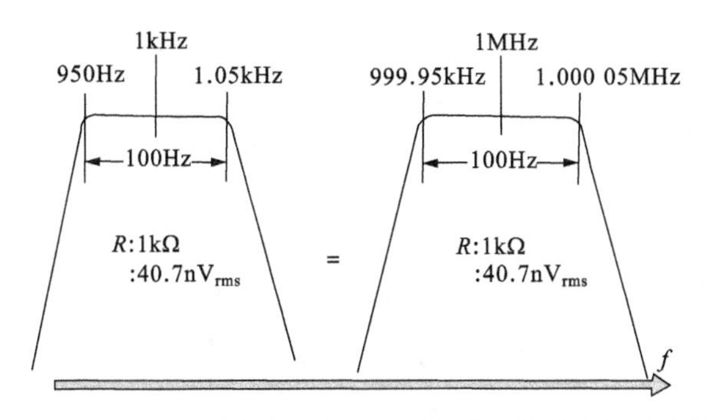

图 1.5 如果带宽相同,在任何频率下热噪声都具有相等的振幅

带宽中产生的噪声电压为 40.7nV$_{rms}$,在以 1MHz 为中心的 100Hz 带宽中产生的噪声电压也是 40.7nV$_{rms}$。

图 1.6 示出不同带宽中热噪声产生量与电阻值的关系。

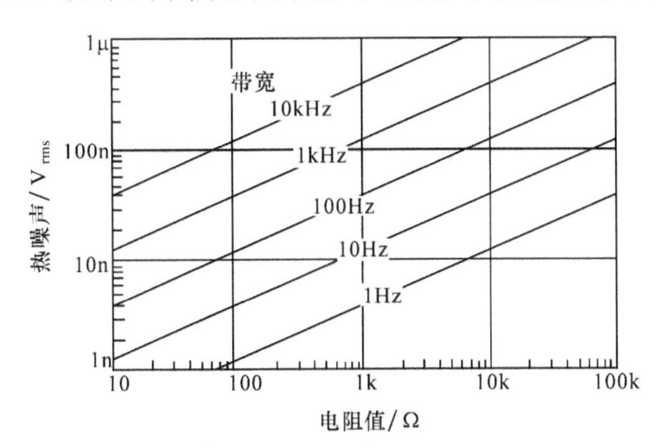

图 1.6 热噪声与带宽及电阻值的关系

1.2.2 热噪声的性质

照片 1.1 是一例放大了的在限定带宽内测得的电阻器上产生的热噪声。可以看到热噪声的波形是无规则的。但是不可思议的是当测量波形瞬时值的产生频度时,看到如图 1.7 所示的规则分布(高斯分布)。就是说热噪声的最大瞬时电压是没有限度的,不过电压越大出现的频度越小。

因此,用示波器仔细观测可以发现有效值 3 倍的电压以 0.1% 的频度出现,表 1.1 所示为热噪声的峰值系数(Crest Factor 或者 Peak Factor)与频度的关系。峰值系数是表示波形的峰值相对于有效值大小的参数,在正弦波的场合为$\sqrt{2}$,对于方波为 1。若是脉冲状的噪声,峰值系数为更大。

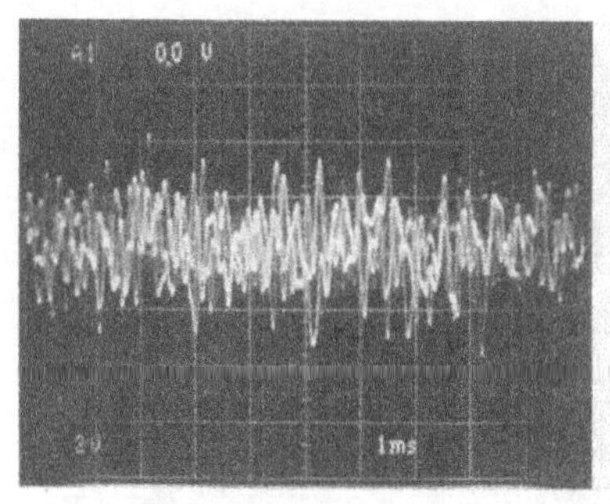

(a) 观测上限频率为5kHz(-3dB)1V_{rms}的热噪声(1ms/div)

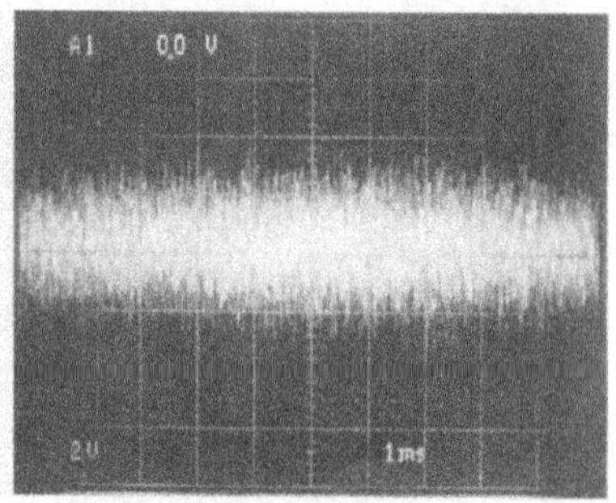

(b) 观测上限频率为100kHz(-3dB)1V_{rms}的热噪声(1ms/div)

照片 1.1 热噪声的测定

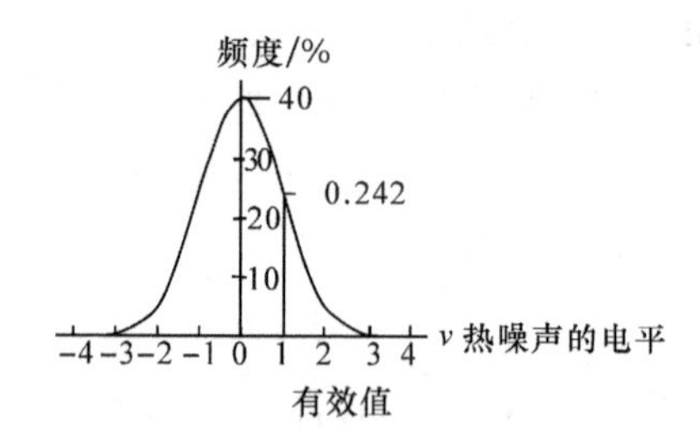

图 1.7 热噪声的振幅几率密度呈高斯分布

表 1.1 热噪声的振幅频度与峰值系数

频度/%	峰值系数/(peak/rms)
1.0	2.6
0.1	3.3
0.01	3.9
0.001	4.4
0.0001	4.9

1.2.3 噪声的单位——$V/\sqrt{Hz}$(噪声密度)

热噪声的频率特性是平坦的噪声(处处都均匀地含有白色成分,所以叫做白噪声),如式(1.1)所示,它的产生量与频率带宽的平方根成比例。因此表示噪声大小时,噪声密度常常以$V/\sqrt{Hz}$(噪声电流的场合使用$A/\sqrt{Hz}$)作为单位。如果确定了1Hz带宽中产生的噪声量,就能够通过计算求得在希望使用的任意频带内的噪声量。

即使是具有不同频带、不同增益的放大器,如果用输入换算的噪声密度进行比较，就能够比较出它们噪声特性的优劣。

因此，OP 放大器的噪声特性也可以用输入换算噪声电压密度来表征。例如，输入换算噪声电压密度为 $5\text{nV}/\sqrt{\text{Hz}}$ 的 OP 放大器在增益 100 倍，频率带宽 30kHz 下使用，那么出现在输出端的噪声 v_{on} 为：

$$\begin{aligned} v_{\text{on}} &= 5\text{nV}\times 100\times\sqrt{30\text{kHz}} \\ &= 86.6\ \mu\text{V}_{\text{rms}} \end{aligned}$$

（实际上，OP 放大器产生的噪声不只是热噪声，所以还有些差异。）

用示波器观测这个 v_{on}，可以得到它的峰值 v_{onp} 为：

$$\begin{aligned} v_{\text{onp}} &= 86.6\ \mu\text{V}_{\text{rms}}\times 3 \\ &= 260\ \mu\text{V}_{\text{o-p}} = 0.52\text{mV}_{\text{p-p}} \end{aligned}$$

计算噪声电压时，只是说明了一定带宽范围内的噪声特性。但是在放大器振幅-频率特性的上限/下限附近的增益衰减斜率是各不相同的，因此一概规定为降低 3dB 的频率是不准确的，需要对衰减斜率进行修正。如图 1.8 所示，这被称为等效噪声带宽。

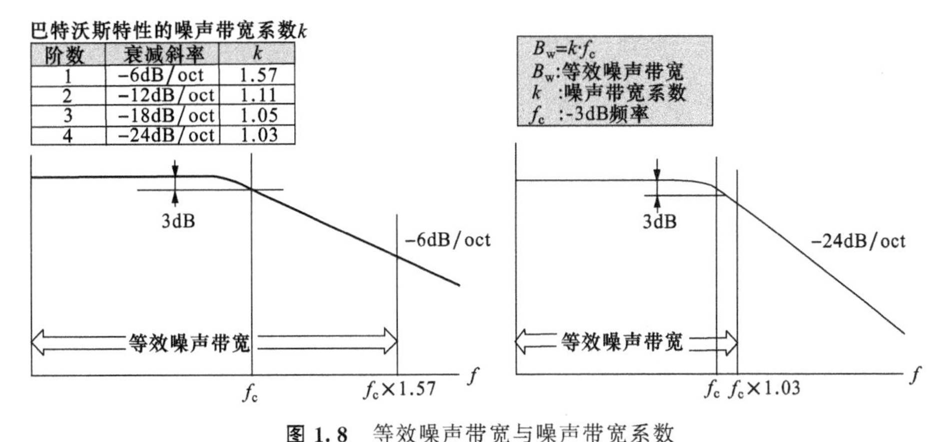

巴特沃斯特性的噪声带宽系数 k

阶数	衰减斜率	k
1	-6dB/oct	1.57
2	-12dB/oct	1.11
3	-18dB/oct	1.05
4	-24dB/oct	1.03

图 1.8　等效噪声带宽与噪声带宽系数

1.3　OP 放大器电路中产生的噪声

1.3.1　非反转放大电路中产生的噪声

前面说明了噪声的基本考虑方法。对于 OP 放大器中发生的噪声来说，如图 1.9 所示，有输入换算噪声电压和输入噪声电流两种。在低噪声 OP 放大器参数表中，一定会提供这些数据。表 1.2

就是典型的低噪声 OP 放大器的数据。

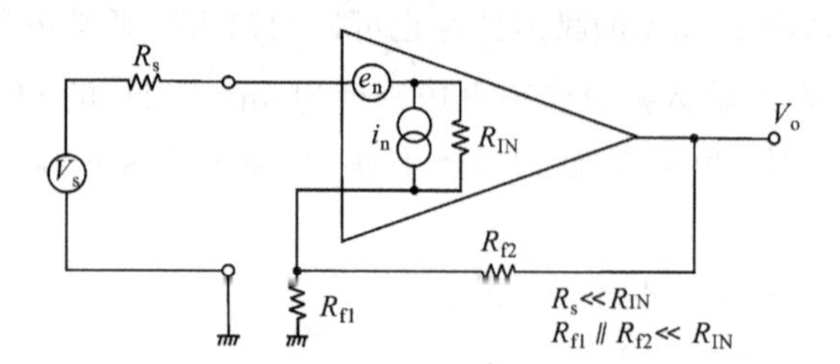

① R_s中产生的热噪声$=\sqrt{4kTR_s}$
② $R_{f1} /\!/ R_{f2}$中产生的热噪声$=\sqrt{4kT(R_{f1} /\!/ R_{f2})}$
③ 输入换算噪声电压：e_n，输入噪声电流：i_n
④ 输入换算噪声电流与信号源电阻产生的噪声$=i_n \times R_s$
⑤ 输入换算噪声电流与反馈电阻产生的噪声$=i_n \times (R_{f1} /\!/ R_{f2})$

图 1.9 非反转放大电路中产生的噪声

表 1.2 主要的低噪声 OP 放大器

型　号	输入形式	GBW/MHz	v_n(在 1kHz)/nV	I_n(在 1kHz)	厂家
NJM5534	Tr	10	3.3	0.4pA	JRC
μPC816	Tr	25	2.7	0.4pA	NEC
LT1028	Tr	75	0.9	1pA	Linear Technology
AD797	Tr	110	0.9	2pA	AD
F356	FET	5	19	10pA	NS
OPA111BM	FET	2	7	0.4fA	BB
OPA101BM	FET	20	8	1.4fA	BB
AD743K	FET	4.5	3.2	6.9fA	AD
AD745K	FET	20	3.2	6.9fA	AD

JRC：新日本无线株式会社；

AD：Analog Devices；

BB：Burr-Brown；

NS：National Semiconductor。

在使用 OP 放大器的非反转放大电路中，如图 1.9 所示，可以看出有基于这两种噪声所形成的五种产生噪声的因素。

① 信号源电阻 R_s 产生的热噪声。这种噪声是设计者所无法左右的，所以不去管它。但是对于设计者来说有选择传感器的自由。R_s 值小、输出电压大的传感器（准确地说是传感器输出电压与 R_s 上产生的热噪声之比大的传感器）能够实现大的 S/N。

② 决定增益的合成电阻值（$R_{f1} /\!/ R_{f2}$）产生的热噪声。由于 $R_{f1} \ll R_{f2}$，所以主要由 R_{f1} 的值决定热噪声。所以 R_{f1} 愈小，噪声愈低。

不过如果太小，印制电路板铜箔的电阻值就不能忽略，而环境温度的变化引起铜箔电阻值发生变化，会导致增益-温度特性的恶化。

另外，当电阻值过低时，铜箔的电感也不能忽略，会给频率特性带来影响。

R_{f2}成为OP放大器的负载，它的值也不能太小（希望在几kΩ以上）。因此，选择阻值时应该注意其产生噪声量的影响程度要比③中产生的噪声影响程度小（小于1/3）。

③ 是将OP放大器内部产生的噪声用输入换算噪声电压表示的。当然它是因OP放大器的种类不同而异。双极晶体管输入的OP放大器中这种噪声大多比较小。后面会讲到这种噪声具有在使用频率范围的上下限附近增大的性质。所以，使用频率中的值就成为一项重要的参数。

④ 来自OP放大器的输入端的噪声电流 i_n 流过信号源电阻 R_s 形成噪声电压加在输入端。

⑤ 同样地，来自OP放大器输入端的噪声电流 i_n 流过决定增益的电阻 R_{f1} 和 R_{f2} 形成噪声电压加在输入端。

对于④和⑤的输入噪声电流 i_n，FET输入的OP放大器要比双极晶体管OP放大器小得多。与输入换算噪声电压一样，输入噪声电流值也随频率而变化。

1.3.2 双极晶体管OP放大器与FET输入OP放大器

图1.9示出的五种噪声相互间是无关的。它们自乘之和的平方根就是合成的振幅值。因此，五种噪声中其值在最大值1/3以下的成分，它的影响小于10%，可以忽略不计。

在信号源电阻 R_s 低于几kΩ的情况下，噪声②、③处于支配地位，适合使用低噪声的双极晶体管输入的OP放大器。相反在 R_s 高于几kΩ的场合，噪声④是主要的，应该使用FET输入的OP放大器。

这就是说并不是只要使用了低噪声的OP放大器就能够实现低噪声的前置放大器。最恰当的电路构成可以通过求得最适当的电路参数来实现低噪声特性，也能够通过计算大致求得出现在输出端的噪声值。

例如，使用典型的低噪声OP放大器AD797，设计信号源电阻 $R_s=100\Omega$，增益为1000倍的低噪声前置放大器，取 $R_{f1}=50\Omega$，$R_{f2}=49.94k\Omega$，计算其输出噪声。如果设高频范围的衰减斜率为6dB/oct，则

等效噪声带宽＝(GBW÷增益)×噪声带宽系数

＝(110MHz÷1000)×1.57＝173kHz

(关于 GBW 将在后面说明)

输出噪声＝

$$\sqrt{(1.29\text{nV})^2+(0.91\text{nV})^2+(0.9\text{nV})^2+(0.2\text{nV})^2+(0.1\text{nV})^2}\times 1000\times\sqrt{173\text{kHz}}$$

$$=1.82\text{nV}\times 1000\times\sqrt{173\text{kHz}}=757\ \mu\text{V}_{\text{rms}}$$

如果对于 R_{f1} 和 R_{f2} 上产生的热噪声还有些放心不下，那么设 $R_{f1}=10\Omega$，$R_{f2}=9.99\text{k}\Omega$，则

输出噪声＝

$$\sqrt{(1.29\text{nV})^2+(0.41\text{nV})^2+(0.9\text{nV})^2+(0.2\text{nV})^2+(0.1\text{nV})^2}\times 1000\times\sqrt{173\text{kHz}}$$

$$=1.64\text{nV}\times 1000\times\sqrt{173\text{kHz}}$$

$$=682\ \mu\text{V}_{\text{rms}}$$

输出噪声仅略有下降。究竟取哪种考虑，由设计者自己选择。

在上述情况下，可以看出由信号源电阻 $R_s=100\Omega$ 产生的热噪声已经处于支配地位。如果想进一步降低噪声，就要降低信号源电阻。就是说只有寻找阻抗更低的传感器。

上述计算中假定 AD797 产生的噪声是白噪声。实际上如下面将要说明的那样，噪声密度也有频率特性，所以输出噪声有一定的差异。

1.3.3 OP 放大器噪声的三个频率范围

热噪声的频率特性是平坦的。不过 OP 放大器使用的半导体器件产生的输入换算噪声电压和输入噪声电流的频率特性却不是平坦的，通常表现出如图 1.10 所示的频率特性。

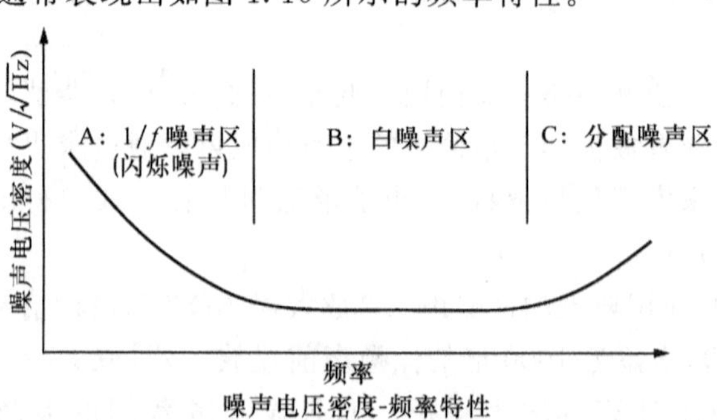

图 1.10 OP 放大器产生噪声的一般分布

A区叫做$1/f$噪声或闪烁噪声，频率越低它的值越大。这种噪声的振幅与频率成反比，所以叫做$1/f$噪声。这种特性使人有舒服的感觉，作为一种$1/f$晃动现象，人们研究将它应用于电风扇之类的家用电器方面。

B区呈现出平坦的频率特性，叫做白噪声。

C区叫做分配噪声，随着频率的提高，噪声也变大。

在实际的放大器中，由于使用范围频率不同，输入换算噪声电压和输入噪声电流也就不同。在低噪声用OP放大器中规定了100Hz、1kHz、10kHz等不同频率下的噪声密度。图1.11中示出了典型的双极晶体管OP放大器的输入换算噪声电压密度的频率特性。

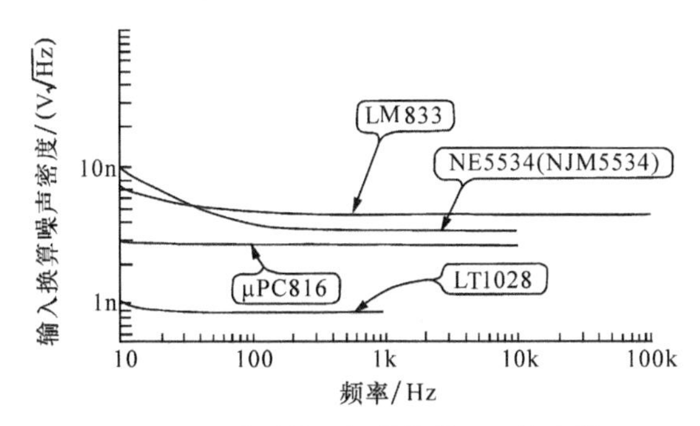

图1.11 典型的双极晶体管OP放大器输入换算噪声电压密度的频率特性

OP放大器制造厂家提供的噪声电压密度通常用曲线表示。不过实际的数据如果是在100Hz以下时，测定对象只是噪声，但是人们往往感到迷惑的是取哪个区域比较合适(第2章有实际的数据)。所以还是需要考虑取平均的数据。

通常B区的白噪声几乎占据整个使用频率范围。不过在高频范围由于带宽变宽，噪声密度对总的噪声电压有较大影响。因此，低噪声前置放大器中过分地扩展频率范围，将会导致噪声的增大。视使用场合不同，需要通过插入低通滤波器，将频率限制在必要的频带最低限内。

测量直流电压等频率在1kHz以下的放大器中，由于A区的$1/f$噪声不可忽略，所以要选择该值小的OP放大器。一些OP放大器的性能数据表中提供有带宽限制在0.1～10Hz时的输出波形(如OP07，LT1028，AD797等)。

1.3.4 用噪声系数NF评价放大器的噪声

常用的对放大器的噪声进行评价的参数是噪声系数NF

(Noise Figure)。它用放大器输入信号中的 S/N 与输出信号中的 S/N 表示为下式：

$$NF(dB)=20\times\log[(S_i/N_i)/(S_o/N_o)] \tag{1.3}$$

式中，S_i 为输入信号的振幅；S_o 为放大器的输出振幅；N_i 为输入信号中的噪声；N_o 为放大器的输出噪声。

输入信号中的噪声是信号源电阻的热噪声，所以放大器的 NF 就是信号源的热噪声与加上这个信号源时放大器的输入换算噪声之比。实际的计算将在第 2 章通过前置放大器的数据进行说明。

如果明确了使用的信号源电阻 R_s 下放大器的 NF 规格，就能够计算出放大器输出的噪声电压。

例如，R_s 为 1kΩ，如果噪声系数 NF=3dB，那么输入换算噪声电压 V_{ni} 为：

$$V_{ni}=\sqrt{4k\times300K\times1k\Omega}\times10^{3/20}$$
$$=5.8nV/\sqrt{Hz}$$

假设放大器的增益是 1000 倍，等效噪声带宽为 100kHz，那么放大器输出的噪声电压 V_{no} 的值为：

$$V_{no}=5.8nV/\sqrt{Hz}\times\sqrt{100kHz}\times1000$$
$$=1.83mV_{rms}$$

1.3.5 噪声系数 NF 的意义

请注意噪声系数的值。如图 1.12 所示，不能仅因为 $R_s=10k\Omega$ 时的 NF 比 $R_s=1k\Omega$ 时的 NF 小，就认为 $R_s=10k\Omega$ 时放大器的输出噪声小。由于 R_s 由 1kΩ 变为 10kΩ，基准噪声变大了，所以这时只是与放大器内部产生的噪声之比变小了，无疑还是 $R_s=10k\Omega$ 时的输出噪声大。

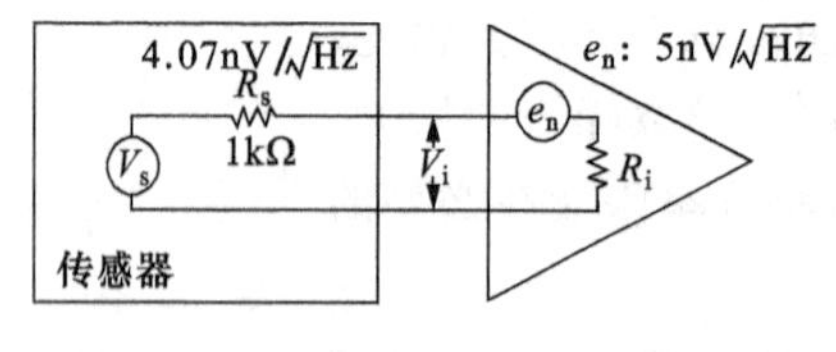

传感器产生的热噪声=4.07nV/$\sqrt{Hz}$

输入换算噪声=$\sqrt{(4.07)^2+(5)^2}\approx6.45(nV/\sqrt{Hz})$

$NF=20\log\left(\frac{V_s/4.07}{V_i/6.45}\right)\approx4.0(dB)$

(由于$R_s\ll R_i$，所以$V_s\approx V_i$)

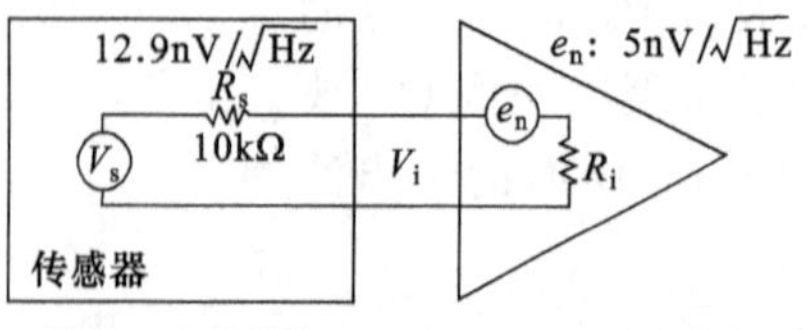

传感器产生的热噪声=12.9nV/$\sqrt{Hz}$

输入换算噪声=$\sqrt{(12.9)^2+(5)^2}\approx13.84(nV/\sqrt{Hz})$

$NF=20\log\left(\frac{V_s/12.9}{V_i/13.84}\right)\approx0.61(dB)$

(说明：为简单起见，令$R_s\ll R_i$，电流噪声$i_n=0$)

图 1.12 放大器的噪声系数 NF

认为 R_s=10kΩ 时的 NF 好，就把 10kΩ 的电阻串联到信号源上是错误的。

在输入短路状态下放大器的输出噪声最小。但是在短路状态下计算 NF 的基准——即热噪声变成零，所以不管多么优良的放大器产生的噪声有多么小，其 NF 还是无限大。

那么这样复杂的 NF 究竟有什么意义呢？NF 表示的是当放大器与具有任意输出电阻的信号源相连接时该放大器接近理想状态的程度，所以它表征放大器还具有多大的改善余地。

如果 NF 为 1dB，则与理想放大器相比有 1.122 倍的噪声电压，这种情况下不论怎样改善这个放大器(只要不是更换具有更小 R_s 的信号源)，噪声能够降低的量只有 12.2%。

1.4 前置放大器的频率特性和失真特性

1.4.1 放大电路的频率上限

放大器的频率上限由所使用 OP 放大器的增益带宽积(GBP: Gain Bandwidth Product)和转换速率(SR:Slew Rate)来决定。

OP 放大器未加负反馈(开环时)时的增益频率特性(Open Loop Frequency Response)示于图 1.13。

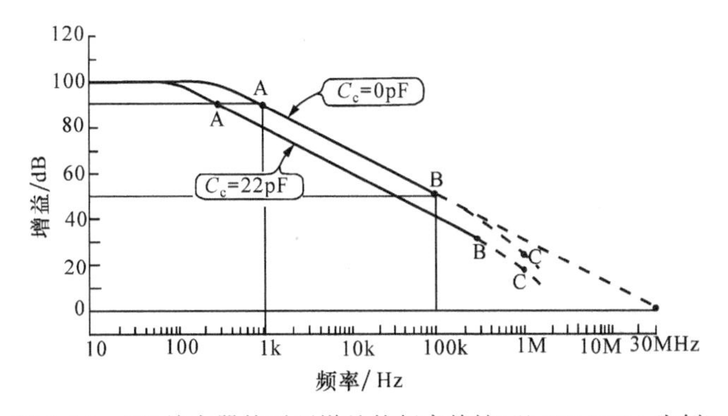

图 1.13 OP 放大器的开环增益的频率特性(以 NJM5534 为例)

图中中间部分斜率为 6dB/oct(频率为 2 倍时，增益下降 1/2，20dB/dec 也相同)，所以在 A～B 范围内的增益与频率之积是一定的，这就叫做增益带宽积 GBP。如图 1.13 所示，通用 OP 放大器 NJM5534 无相位补偿的 GBP 是 30MHz。而 C 点增益与频率之积比 GBP 小。

如果给这种特性的OP放大器加负反馈来决定增益，就具有其频率特性如图1.14所示。因此，给OP放大器加负反馈使用时的上限频率，如果是在开环增益——频率特性为6dB/oct斜率的范围之内，就可以由使用的增益除GBP求得其值。

例如，NJM5534无相位补偿时的增益设计为1000倍(60dB)则上限频率就是30kHz。

图1.14的阴影部分表示各频率下的反馈量，该值愈大就愈有利于改善增益的稳定性和直线性(失真率)。因此，低频范围的失真小，随着频率的提高失真也变大。

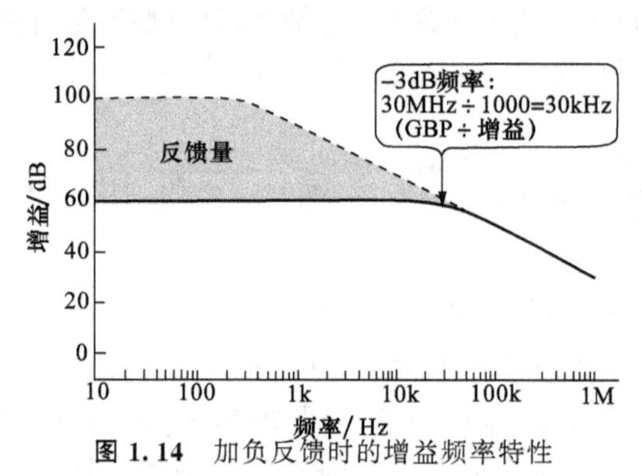

图1.14 加负反馈时的增益频率特性

(NJM5534在增益1000倍，$C_c=0$ pF条件下使用)

1.4.2 振幅增大时的频率特性

放大电路的频率特性不仅指OP放大器的增益带宽积GBP，还必须考虑输出振幅所带来的影响。

影响大振幅下振幅频率特性因素的是转换速率(Slew Rate)。图1.15示出输出波形因转换速率变化的情况。SR规定为输出电压的变化不能超过某种斜率的特性，下式表示它与正弦波的最大输出频率的关系。

$$SR \geqslant 2\pi \times 频率 \times V_p \tag{1.4}$$

式中，V_p为正弦波的0-peak值。

例如，如果想在100kHz以内得到正弦波的$10V_{o\text{-}p}$振幅，按照式(1.4)就需要转换速率值在6.3V/μs以上的OP放大器。

各种OP放大器都规定了SR的值。不过必须注意在进行外部相位补偿时，SR会因补偿电容的值而发生变化。对于NJM5534，$C_c=0$pF时为13V/μs，$C_c=22$pF时变为6V/μs。

所以说，OP放大器的上限频率由增益带宽积GBP和转换速

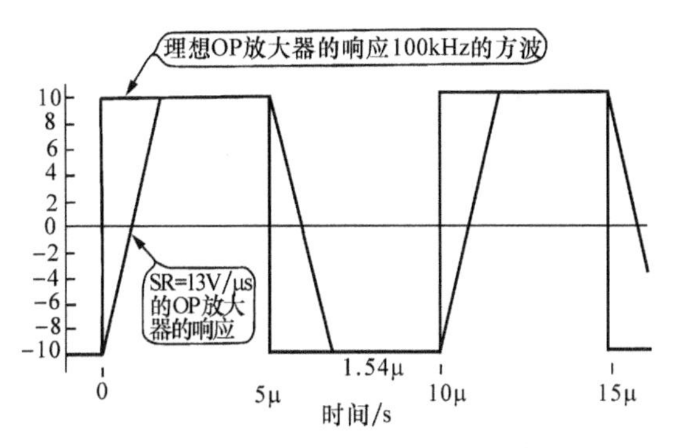

图 1.15 放大器的转换速率 SR

率 SR 决定。仅仅满足了 GBP 而不满足 SR,在高频范围还是得不到最大输出振幅的。

1.4.3 线性度与失真率

除了噪声、频率特性之外,线性度和失真率也是放大器的重要特性。任何放大器的增益都会因输入电压而发生变化。

一般来说,电路整体的增益可以用可变电阻器之类进行调整,但是线性度和失真率是不能调整的,所以在设计时必须充分注意。基本上还是反馈量越大,特性的改善越明显。

但是,在使用上述 NJM5534 设计 1000 倍的放大器时,比起用一个 OP 放大器做成 1000 倍的放大器来说,用两个各为 33 倍的 OP 放大器做成的 1000 倍放大器的反馈量更大,直到高频范围都能够实现低失真,而且振幅的频率特性也展宽了。

线性度和失真率特性在对检测信号进行频率分析等场合非常重要。如果线性度和失真率差,就会在放大器内附加输入信号以外的成分,在音响设备中就会影响音质。

线性度主要针对直流而言。如图 1.16 所示,用增益偏离理想直线的最大值相对于输出满刻度的 p-p 值的百分率表示。但是,一般的 OP 放大器中,直流范围反馈量比较大,所以输出被限制,在未饱和范围测得的值比较小,所以有一定的困难。

失真率是针对交流信号规定的。如图 1.17 所示,为了进行测定,用陷波滤波器——一种将特定的频率成分去除掉的滤波器——除去基波成分,用电压表测定残留的谐波和噪声的有效值,用总电压的百分比(%)表示,即 THD(Total Harmonic Distortion,总谐波失真)。

关于失真率,还将在第 2 章结合实测数据进行详细讨论。

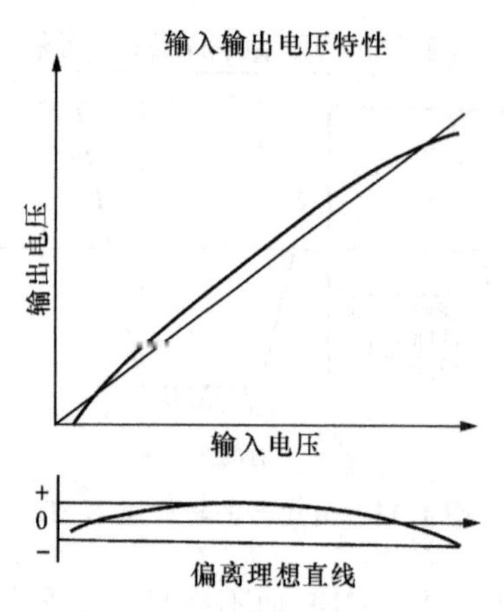

图 1.16 放大器的线性度

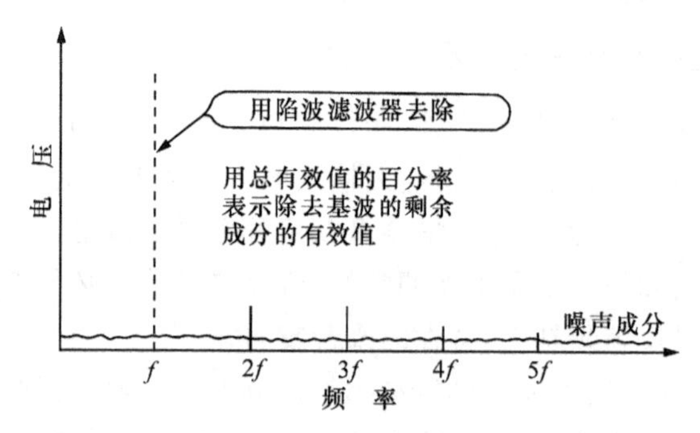

图 1.17 总谐波失真 THD

第2章 低噪声前置放大器的设计、制作及评价

任何事情都是这样，为了更深入地理解它，最有效的方法就是亲自进行实验和制作。本章的电路本身比较简单，但是要得到低噪声电路，必须掌握有关 OP 放大器的选择、参数的设定及评价技术等方面的知识。希望能够通过实际的设计与制作掌握这些知识。

2.1 前置放大器的设计

2.1.1 前置放大器

在实践第1章设计技术的意义上进行实际制作、实验低噪声前置放大器。作为设计目标的参数要求列于表2.1。图2.1是制作的低噪声前置放大器的电路构成。

表2.1 制作的前置放大器的参数指标——目标值

参　数	设计指标
输入形式	不平衡单线接地 BNC 连接器
输入阻抗	100kΩ
输入换算噪声电压密度	$5nV/\sqrt{Hz}$以下(100Hz～100kHz)
动态范围	60dB 以上
电压增益	60dB
增益频率特性	1Hz(或 DC)～100kHz
最大输出电压	±10V 以上(正弦波用在 $7V_{rms}$以上)
输出阻抗	1Ω 以下
最大输出电流	±10mA 以上
电源电压	直流±15V

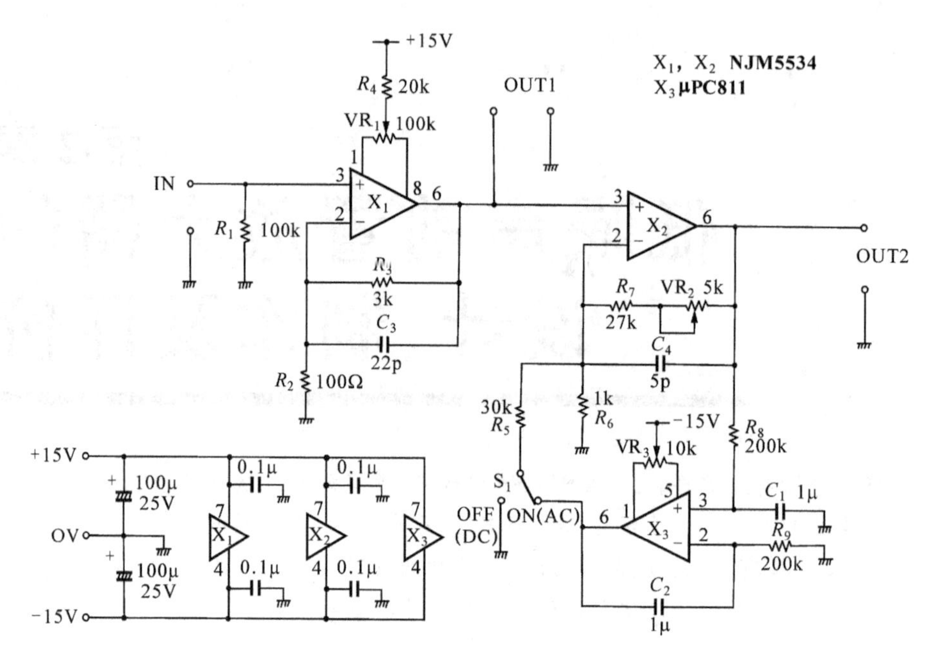

图 2.1 低噪声前置放大器的电路构成

正如在第1章中说明过的那样,放大电路采用放大器内部噪声特性优良的非反转放大电路。OP放大器采用NJM5534,其理由是:

① 低噪声。

② 频率特性比较宽。

③ 能够驱动600Ω的负载。

④ 价格低。

NJM5534是一种使用简单方便的OP放大器,表2.2示出其参数。

表 2.2 低噪声 OP 放大器 NJM5534 的特性

(a) 最大额定值

参 数	符 号	额定值
电源电压	V^+/V^-	±22V
差动输入电压	V_{ID}	±0.5V
同相输入电压	V_{IC}	V^+/V^-(V)
消耗功率	PD (D型) (M型)	500mW 300mW

(b) 电特性($V^+/V^-=\pm15V$, $T_a=25℃$)

参 数	符 号	条 件	最 小	标 准	最 大	单 位
输入失调电压	V_{IO}	$R_s\leqslant10k\Omega$	—	0.5	4	mV
输入失调电流	I_{IO}		—	20	300	nA
输入偏置电流	I_B		—	500	1500	nA
输入电阻	R_{IN}		30	100	—	kΩ
电压增益	A_V	$R_L\geqslant2k\Omega, V_O=\pm10V$	88	100	—	dB
最大输出电压	V_{OM}	$R_L\geqslant600\Omega$	±12	±13	—	V
同相输入电压范围	V_{ICM}		±12	±13	—	V
共态抑制比	CMRR	$R_S\leqslant10k\Omega$	70	100	—	dB
电源电压抑制比	SVRR	$R_S\leqslant10k\Omega$	80	100	—	dB
消耗电流	I_{CC}	$R_L=\infty$	—	4	8	mA
上升响应时间	t_R	$V_{IN}=50mV, R_L=600\Omega$, $C_L=100pF, C_C=22pF$	—	35	—	ns
上冲			—	17	—	%
转换速率	SR	$C_C=0$	—	13	—	V/μs
增益带宽积	GBP	$C_C=22pF, C_L=100pF$	—	10	—	MHz
功率增益带宽	W_{PC}	$V_O=20, V_{p\text{-}p}, C_C=0$	—	200	—	kHz
输入换算噪声电压	V_{NI}	$f=20$ Hz～20kHz	—	1.0	—	μV_{rms}
输入换算噪声电流	I_{NI}	$f=20$ Hz～20kHz	—	25	—	pA_{rms}
输入换算噪声电压	e_n	$f_0=30Hz$	—	5.5	—	$nV/\sqrt{Hz}$
输入换算噪声电压	e_n	$f_0=1kHz$	—	3.3	—	$nV/\sqrt{Hz}$
输入换算噪声电流	i_n	$f_0=30Hz$	—	1.5	—	$pA/\sqrt{Hz}$
输入换算噪声电流	i_n	$f_0=1kHz$	—	0.4	—	$nA/\sqrt{Hz}$
宽带噪声系数	NF	$f=10Hz$～20kHz, $R_S=5k\Omega$	—	0.9	—	dB

注：注意关于噪声规格，也有选择 D 型的。($R_S=2.2k\Omega$, RIAA, $V_N=1.4\mu V$ 以下)

由于 NJM5534 的增益带宽积 GBP 是 10～30MHz(因外接不同电容器的值而有所不同)，所以用 1 级放大电路不能实现设计指标中频率上限 100kHz 时增益为 1000 倍。OP 放大器由 2 级构成(不仅 NJM5534，即使其他型号的器件要用 1 级实现这样大的增益也很勉强)。

每级各 30dB，总增益达到 60dB(1000 倍)。因此，如图 2.2 所示的在 100kHz 下，GBP 10MHz 时反馈量为 10dB，GBP 30MHz 时反馈量是 20dB。

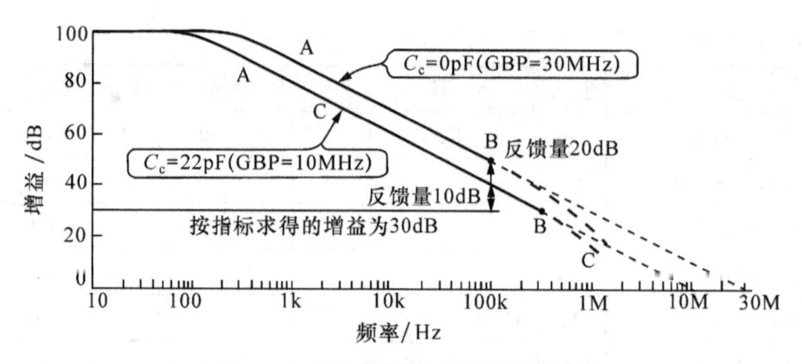

图 2.2 电路增益与反馈量的分配

2.1.2 OP 放大器(NJM5534)的噪声特性

前置放大器之类的噪声特性几乎都由初级电路决定。这里所说的通用前置放大器中,不能规定信号源电阻(信号源阻抗)的值。因此,在讨论输入短路的噪声时,根据图 1.9 的说明,其噪声由以下三部分合成:

① NJM5534 的输入换算噪声。

② R_2 和 R_3 并联电阻产生的热噪声。

③ NJM5534 的输入噪声电流流过 R_2 和 R_3 并联电阻时产生的噪声电压。

由于

$$\begin{aligned} R_3 &= R_2 \times (\text{增益} - 1) \\ &= R_2 \times (10^{30/20} - 1) = R_2 \times 30.6 \end{aligned}$$

所以,在 $R_3 > R_2$ 条件下产生热噪声的电阻值基本上就等于 R_2。

由表 2.2 可知,NJM5534 的输入换算噪声电压在 1kHz 下为 $3.3\text{nV}/\sqrt{\text{Hz}}$。因此,$R_2$ 产生的热噪声必须小于这个值。但是,如果 R_2 小,R_3 的值也就变小了。R_3 也是 OP 放大器 X_1 的负载,如果 R_3 的值太小,X_1 的输出电流就会变大,从而导致 X_1 自身的发热和失真。

基于以上考虑,取 $R_2 = 100\Omega$,所以 R_3 就是 $3.06\text{k}\Omega$。由第 2 级进行增益的微调整,这里取 $R_3 = 3\text{k}\Omega$。

由式(1.1)得到 100Ω 产生的热噪声是 $1.3\text{nV}/\sqrt{\text{Hz}}$,输入噪声电流流过 100Ω 产生的噪声是 $0.04\text{nV}/\sqrt{\text{Hz}}$。将三种噪声合成,即可得输入换算噪声 V_{ni1}:

$$V_{\text{ni1}} = \sqrt{(3.3)^2 + (1.3)^2 + (0.04)^2} = 3.5(\text{nV}/\sqrt{\text{Hz}})$$

可以说对 X_1 的输入换算噪声电压值 $3.3\text{nV}/\sqrt{\text{Hz}}$ 没有太大

的影响。

由此，在 OP 放大器 X_1 的输出得到噪声 V_{no1} 为：

$$V_{no1}=3.5\text{nV}/\sqrt{\text{Hz}}\times 31.6=111(\text{nV}/\sqrt{\text{Hz}})$$

OP 放大器 X_2 产生的噪声比这个 V_{no1} 的影响小就可以了，所以取值 $R_6=3\text{k}\Omega$。由于 30dB(31.6 倍)增益，R_7 为 30.6kΩ，所以作为图 2.1 的参数，具有±10%的调整范围。

作为低噪声前置放大器的初级，将可以使用的双极晶体管输入 OP 放大器示于表 2.3，供参考。

表 2.3 双极晶体管低噪声 OP 放大器

参 数	LT1028	AD797	μPC815	μPC816	NJM5534	LM833	单 位
V_{os}	20	25	20	20	500	300	μV
I_s	±30	250	±10	±10	500	500	nA
I_{os}	18	100	7	7	20	10	nA
A_{VOL}	142	146	146	146	100	110	dB
GBW	75	110	7	2.5	10	15	MHz
SR	15	20	1.6	7.6	13	7	V/μs
e_n(10Hz)	1	1.7	2.8	2.8			nV/$\sqrt{\text{Hz}}$
e_n(1kHz)	0.9	0.9	2.7	2.7	3.3	4.5	nV/$\sqrt{\text{Hz}}$
i_n(1kHz)	1	2	0.4	0.4	0.4	0.7	pA/$\sqrt{\text{Hz}}$

2.1.3 消除失调漂移的电路

OP 放大器 X_3 是消除 OP 放大器 X_1 和 X_2 直流失调漂移的积分电路。电路中由开关 S_1 实现 ON/OFF 的功能。当 ON 时成为 AC 放大用，OFF 时是 DC 用。DC 放大功能可以认为是附加的。

现在讨论 S_1 开关 ON 时，成为 AC 放大用的情况。图 2.3 所示，没有直流成分的 AC 信号实际进行无限积分时结果为 0。在这里，S_1 开关处于 ON 状态的 OP 放大器 X_3(积分器)对 X_2 的输出进行充分地进行积分，所以 X_3 的作用与检出 X_2 的直流输出成分是相同的。因此，当把 X_2 的直流失调原封不动地反馈给 X_2 时，X_3 的输出就能控制 X_2 的直流输出成分为 0。

例如，如果在 OP 放大器 X_2 的输出产生正的直流成分，那么在 X_3 的积分器输出端正的直流成分就被放大。但是，它加到了 X_2 的反转输入上，是在负的方向上控制 X_2 的输出，所以直流失调成分被补偿掉了。

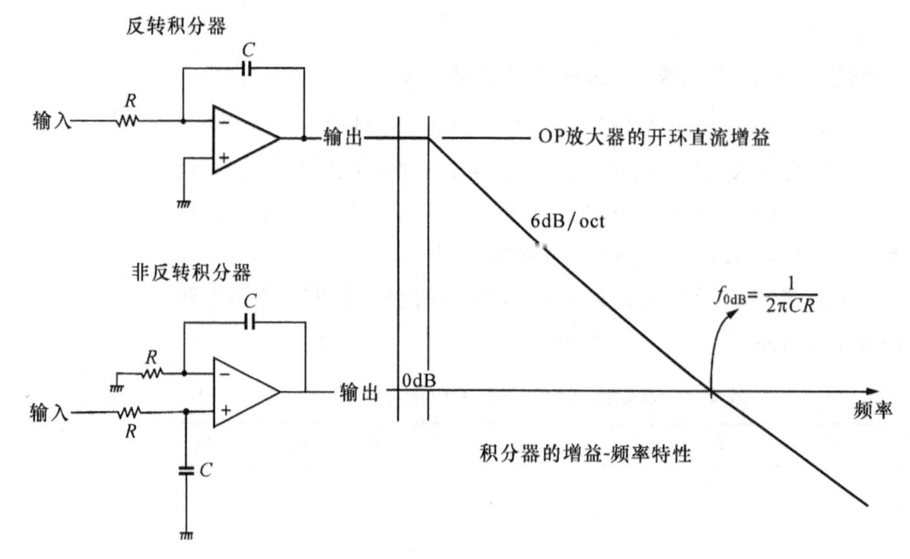

图 2.3 积分器的作用

X_3 是积分器,衰减交流成分(信号成分),所以 X_3 的输出端不出现交流成分。因此在 X_2 中没有衰减。

由于积分器对直流的增益大,所以 OP 放大器 X_2 的输出常常被控制与 R_9 的电位(地)相同。

这就是所谓的超级伺服(super servo)电路,其电路已经标准化。

2.1.4 超级伺服电路的积分常数

从表 2.1 的目标参数看出,制作的前置放大器低频截止频率必须在 1Hz 以下。因此要求积分常数很大。而且由于要处理交流信号,积分电容 C_1、C_2 必须是无极性的。考虑到积分电阻为几百 kΩ,所以漏电流必须小。而且也需要考虑体积上的制约。所以选择约 1μF 左右的容量比较合适。

设图 2.1 中(R_7+VR_2)为 R_7,$C_1=C_2$,$R_8=R_9$,那么基于超级伺服电路的低频 −3dB 截止频率为

$$f_{CL}=\frac{1}{2\pi C_1 R_8}\cdot\frac{R_6 /\!/ R_7}{R_5+(R_6 /\!/ R_7)}\cdot\frac{(R_5 /\!/ R_6)+R_7}{R_5 /\!/ R_6}$$

进一步令 $R_5 \gg R_6$,$R_7 \gg R_6$,则得到

$$f_{CL}=\frac{1}{2\pi C_1 R_8}\cdot\frac{R_6+R_7}{R_5+R_6}=\frac{1}{2\pi C_1 R_8}\cdot\frac{R_7}{R_5} \qquad (2.1)$$

从式(2.1)可以看出,如果增大 R_5,就能够降低低频截止频

率。但是 X_3 的输出电压是由 R_5、R_6 分压的，修正电压的范围由于分压的结果变窄了，所以 R_5 不能过大。图 2.1 的参数中，如果 X_3 的输出最大设为±10V，那么失调修正电压最大为±323mV。

根据以上结果，取 R_8 和 R_9 的值为 200kΩ。因此，输入采用 OP 放大器 X_3 输入偏置电流小的 FET，这个输入偏置电流在 R_8、R_9 两端几乎不产生电压降，而且必须选择温度漂移比较小的器件。

与选择 NJM5534 时的考虑相同，要选用容易购买到的器件。X_3 使用 μPC811。表 2.4 列出 μPC811 的参数。

表 2.4 FET 输入 OP 放大器 μPC811 的特性参数

(a) 绝对最大额定值(T_a=25℃)

参数	符号	μPC811C	μPC811G2	单位
电源电压	V^+-V^-	−0.3～+36		V
差动输入电压	V_{ID}	±30		V
输入电压	V_I	V^-−0.3～V^++0.3		V
输出外加电压	V_O	V^-−0.3～V^++0.3		V
总损耗	P_r	350	440	mV
输出短路时间		无限大		s

(b) 电特性(T_a=25℃，V^+=±15V)

参数	符号	条件	最小	标准	最大	单位
输入失调电压	V_{IO}	R_S≥50Ω		1	2.5	mV
输入失调电流	I_{IO}			25	100	pA
输入偏置电流	I_B			50	200	pA
大振幅电压增益	A_v	R_L=2kΩ，V_O=±10V	25	200		V/mV
回路电流	I_{CC}			2.5	3.4	mA
共态抑制比	CMRR		70	100		dB
电源电压抑制比	SVRR		70	100		dB
最大输出电压	V_{om}	R_L≥10kΩ	±12	+14.0 −13.3		V
最大输出电压	V_{om}	R_L≥2kΩ	±10	+13.5 −12.8		V
同相输入电压范围	V_{ICM}		±11	+14 −12		V
转换速率		A_v=1		15		V/μs
输入换算噪声电压	e_n	R_s=100Ω，f=1kHz		19		nV/$\sqrt{Hz}$
零交叉频率				4		MHz
输入失调电压	V_{IO}	R_s≤50Ω，T_a=−20～70℃			5	mV
V_{IO}温度变化	$\Delta V_{IO}/\Delta T$	T_a=−20～+70℃		7		μV/℃
输入偏置电流	I_B	T_a=−20～+70℃			7	nA
输入失调电流	I_{IO}	T_a=−20～+70℃			2	nA

由于 X_3 的输出是交流接地,所以 OP 放大器 X_2 的交流增益 A_{V2} 为:

$$A_{V2}=\frac{(R_5 /\!/ R_6)+VR_2}{R_5+R_6}$$

当 X_2 是反转放大器时,如图 2.4 所示,RC 的数可以减少。

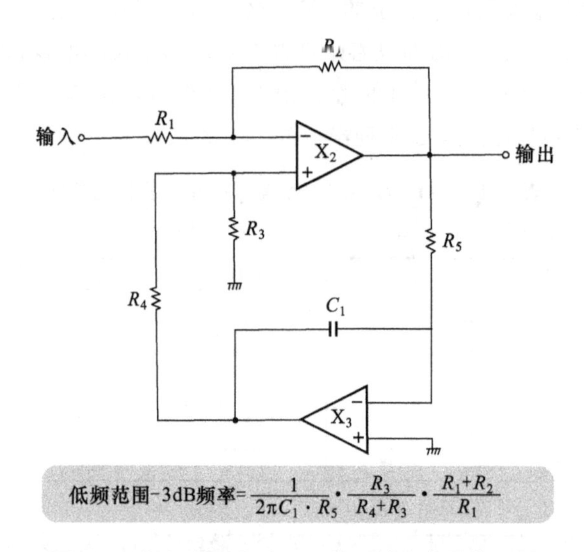

图 2.4 超级伺服电路——作反转放大器使用时

2.2 前置放大器的调整及特性的确认

2.2.1 直流失调电压及其调整

进行电路调整时,首先从直流失调电压开始。

OP 放大器中,即使将输入短路也会有直流电压输出。这叫做直流失调电压 V_{OS}。直流失调电压 V_{OS} 可以通过外接电位器调整到 0。图 2.1 的电路中,VR_1 具有这个作用。直流失调电压还会因为环境温度等因素变化而发生变化,不过这个 OP 放大器的目的主要是交流放大,所以将超级伺服电路置于 ON,将输出的直流电压控制为 0。

现在进行 OP 放大器的调整。将输入短路,S_1 倒向 DC 一侧,调整 VR_1 使 OUT_2 为 0(0mV)。这样就完成了 OP 放大器作为直流放大器使用时的直流失调电压的调整。

然后进行超级伺服电路的直流失调电压的调整。这时将 S_1 倒向 AC 一侧,调整 VR_3 使 OUT_2 为 0。这时由于时间常数大,响应较慢，所以应缓慢旋转电位器。另外，还可以利用电压表或示波器观测直流失调电压为 0 时的输出电压。如果输出为 0，那么直流失调电压的调整就算完成了。

2.2.2 增益频率特性的确认

这个前置放大器的上限频率设计为 100kHz。从使用的 OP 放大器 NJM5534 的数据表看到，当增益大于 3 时，即使没有外部相位补偿也不会发生不稳定的振荡。

因此，先讨论无补偿（没有电路图中的 C_3，C_4）情况下的频率特性。测得的这种特性示于图 2.5。可以看到的确没有发生振荡。

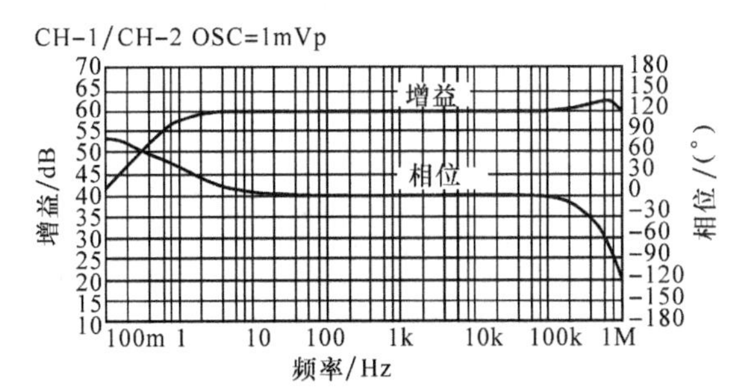

(a) 无补偿时的频率特性（输出振幅 $1V_{o\text{-}p}$）

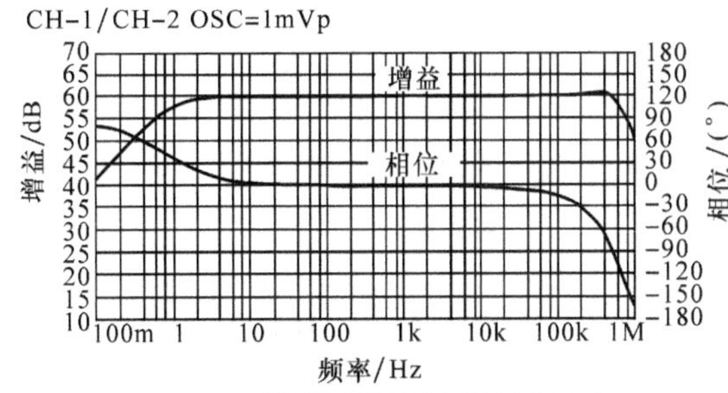

(b) C_c=18pF 时的频率特性（输出振幅 $1V_{o\text{-}p}$）

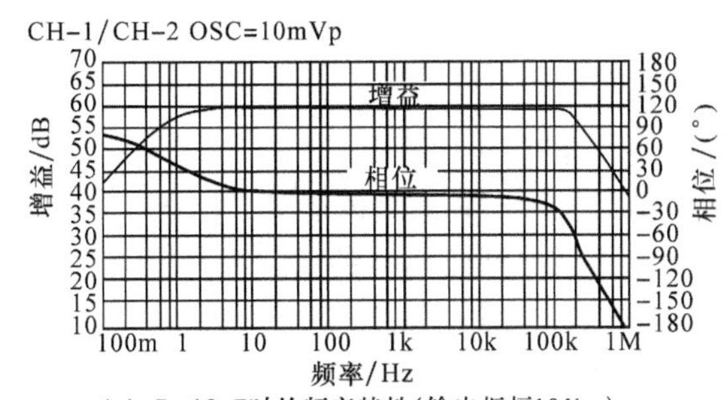

(c) C_c=18pF 时的频率特性（输出振幅 $10V_{o\text{-}p}$）

图 2.5 制作的前置放大器的增益-相位-频率特性

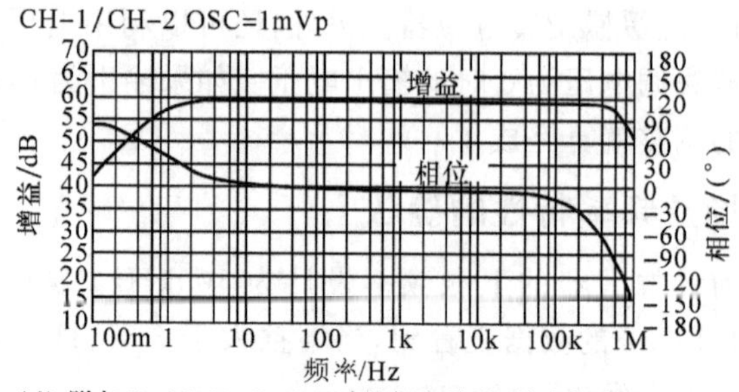

(d) 附加C_3=22pF，C_4=5pF时的频率特性(输出振幅1V_{o-p})

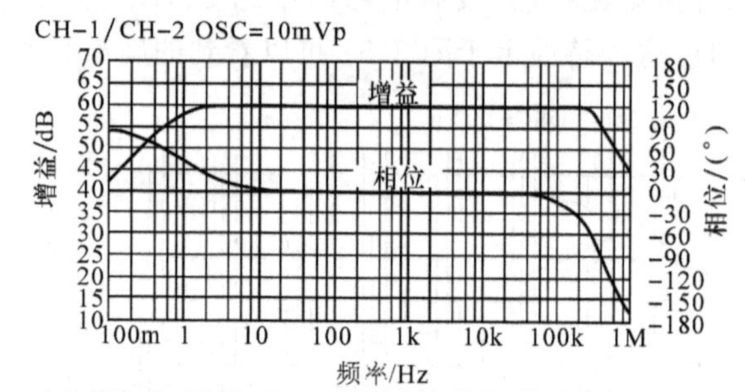

(e) 附加C_3=22pF，C_4=5pF时的频率特性(输出振幅10V_{o-p})

图 2.5 制作的前置放大器的增益/相位-频率特性(续)

不过如图(a)所示，在 650kHz 附近产生约 2.5dB 的凸峰。

因此需要改善。将数据表中提供的外部相位补偿用电容器 C_c 取为 18pF，按图 2.6 所示接到 X_1，X_2 上，其结果如图(b)、(c)所示。但是频率特性的凸峰没有完全改善，转换速率还降下来了。

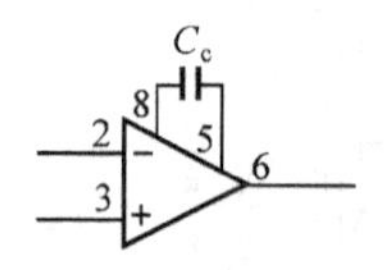

图 2.6 OP 放大器 NJM5534 的外部相位补偿

再次改变补偿的方法，把电容器 C_3 和 C_4 并联到反馈电阻上，形成图 2.1 所示的最终电路，其结果示于图 2.1(d)、(e)。增益的频率特性变平坦了，最大输出振幅由于 C_c 的补偿也得到改善。

这是通过附加电容器对输出相位特性的延迟进行修正的结果。这个电容值因实际安装的具体情况可能会有一些变化。不过在设计好印制电路板并已经实装的情况下，就不需要逐个进行调整了。

低频范围增益频率特性的下降是由基于 OP 放大器 X_3 的超级伺服电路引起的。可以看出这时的低频截止频率 f_{CL} 与由前面式(2.1)计算得到的 0.796Hz 数据基本一致。

2.2.3 输出最大振幅时频率特性的确认

关于图 2.1 中使用的 OP 放大器 NJM5534，从图 2.5(c)的特性看出，当补偿电容 C_c =18pF 时在 150kHz 有 $10V_{o\text{-}p}$，所以其转换速率为 9.42V/μs，从图 2.5(e)看出在 250kHz 有 $10V_{o\text{-}p}$，所以最终电路中的值为 17.5 V/μs。因为 NJM5534 数据表中提供的无补偿时的转换速率为 13 V/μs，所以这个值是可以认可的。

从图 2.5 的数据还可以看出，基于 GBP(增益带宽积)的小信号时高频范围的增益频率特性曲线的下降比较圆滑(图 2.5(e))，而基于转换速率的大振幅时高频范围的增益频率特性曲线的下降就像折线那样。因此，下降的原因究竟是什么，从曲线图中就可以清楚地判断出来。

照片 2.1 是输入标准的正弦波时的输出波形。比较 100kHz、$10V_{o\text{-}p}$ 下标准的正弦波(照片 2.1(a))以及放大后改变为 500kHz 频率时的输出波形(照片 2.1(b))，可以看出波形受到了转换速率的限制。

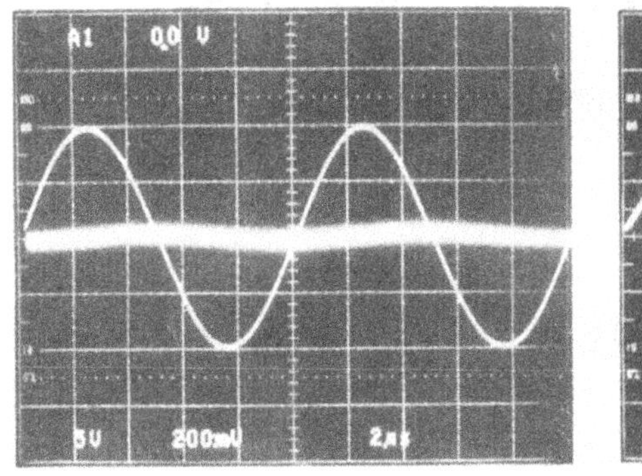

(a) 频率100kHz，$10V_{o\text{-}p}$时的波形与失真(失真小)

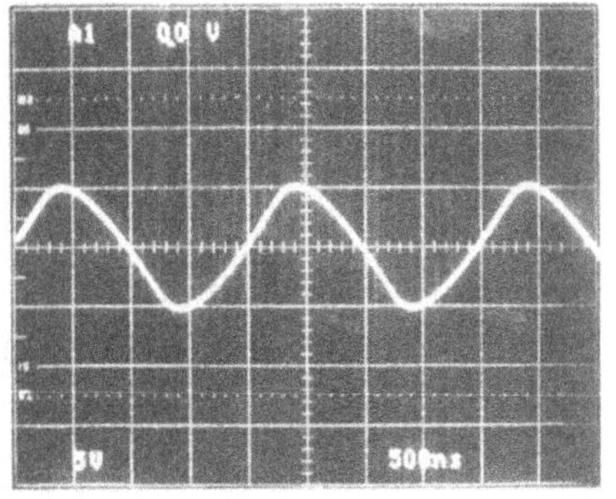

(b) 频率500kHz，$10V_{o\text{-}p}$时，受到转换速率的限制

照片 2.1 输入正弦波时的波形

2.2.4 观察过渡响应特性

照片 2.2 是与 100kHz 的方波相对应的输出波形。可以看到在上升时有一定高度的凸峰。这是由于高频范围的衰减特性比 6dB/oct 更陡所产生的相位失真引起的。照片 2.3 是无补偿电容器时的波形。因为在高频范围有频率响应峰，所以产生大的凸峰。

通过观测方波的响应波形，就可以推定高频范围的频率响应，所以可以一边观测输出的方波响应波形一边进行补偿电容的调整。

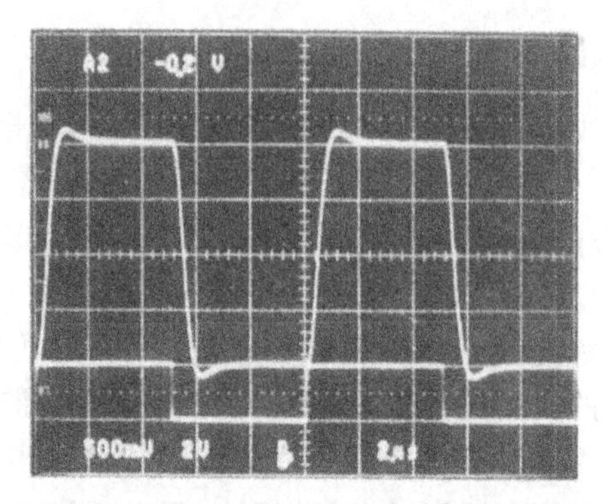

照片 2.2 方波的响应:100kHz,输出 $2V_{p\text{-}p}$时

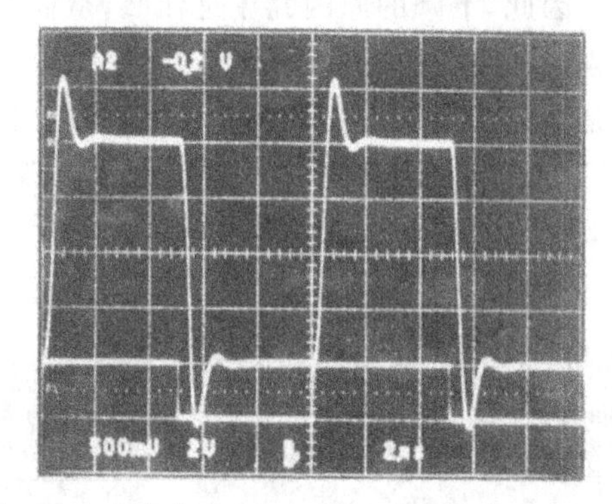

照片 2.3 方波的响应:100kHz,输出 $2V_{p\text{-}p}$,无补偿时

在照片 2.4 的上升波形中,振幅从 10%上升到 90%的时间是 682ns。高频范围的衰减特性为 6dB/oct 的一次特性情况下,用下面的式(2.2)可以由上升时间计算出−3dB 截止频率 f_{CH}(在照片 2.4 中看不清楚,可以在示波器中设置 10%和 90%的标度进行观测)。

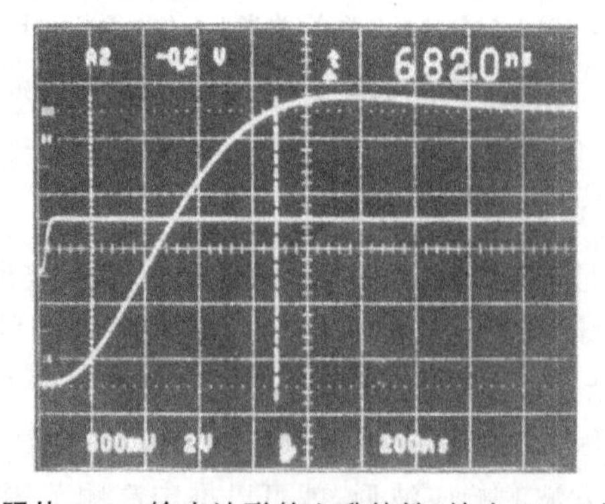

照片 2.4 输出波形的上升特性:输出 $2V_{p\text{-}p}$时

$$f_{CH}=0.35\div 上升时间 \tag{2.2}$$

如果按电路的参数进行计算，-3dB 截止频率 f_{CH} 是 513kHz，与实际测量值有一定的差异。其原因在于衰减特性不是 6dB/oct，不过对于粗略的推算还是有用处的。

照片 2.5 同样是 100kHz 的方波，不过输出的大振幅达到 $20V_{p\text{-}p}$。因此受到转换速率的限制，可以看出上升时间变慢了。

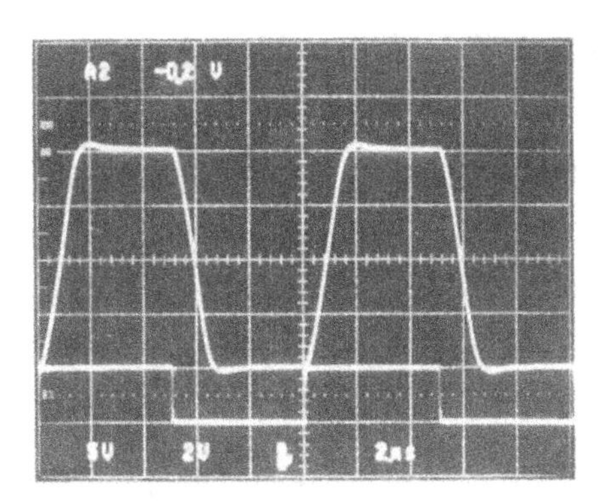

照片 2.5 方波的响应：100kHz，输出 $2V_{p\text{-}p}$，受到转换速率限制

2.2.5 电路的噪声特性

表 2.5 是用有效值型交流电压表测得制作的电路的输出。可以看出，由于频率特性和输入信号源阻抗的原因，输出噪声值有差异。

表 2.5 制作的前置放大器输出噪声的测量值

信号源电阻	输入短路	1kΩ	10kΩ
无补偿	7.55mV_{rms}	9.9mV_{rms}	22.5mV_{rms}
C_C=18pF	4.6mV_{rms}	6.1mV_{rms}	14.2mV_{rms}
最终电路	4.4mV_{rms}	5.65mV_{rms}	12.9mV_{rms}

示于表 2.5 的三种情况的增益都是 60dB(1000 倍)，所以在高频范围出现的峰值当然是由于噪声大的缘故。

表 2.5 中直接给出了输出噪声的值。由于增益原因当然输出噪声会不同，所以不能对增益不同的放大器进行比较。一般是通过输入换算来表现噪声的。

最终电路中输入短路时的输出噪声是 4.4mV_{rms}，那么输入换算噪声就是 4.4μV_{rms}。

但是，对于噪声电压来说，只是按输入换算进行比较是不充分的。放大器的频率特性有很大的影响。在评价噪声时，频率带宽也是一个很重要的参数。

制作的电路的频率特性上限是700kHz，所以用比它的带宽还窄的交流电压表进行测量是没有意义的。这里使用的交流电压表的上限频率是20MHz。

2.2.6 计算输入换算噪声电压密度

从表2.5看出，由于信号源阻抗不同，噪声值也不同。这不仅由于OP放大器输入噪声电流使该值增加，而且在第1章中曾经介绍过的电阻产生的热噪声也使噪声值增加。

如果从测量结果求输入换算噪声 V_{ni}，由增益100倍，频率带宽700kHz×1.11(根据数据表设定高频范围斜率为12dB/oct)，输出噪声 $4.4mV_{rms}$，可以得到

$$V_{ni}=4.4mV_{rms}/(1000\times\sqrt{777kHz})=5nV/\sqrt{Hz}$$

这个结果是以平坦的噪声频率特性为前提进行计算的。由于高频范围(本放大器中在100kHz以上)占据带宽的大部分，所以它特性的影响最大。

如果由表2.5，设等效噪声带宽为777kHz，求制作的放大器在信号源电阻为1kΩ时全带宽中的噪声系数NF，则有

$$NF(1k\Omega)=20\times\log(5.65\mu V/3.59\mu V)=3.94dB$$

当信号源电阻为10kΩ时，

$$NF(10k\Omega)=20\times\log(12.9\mu V/11.3\mu V)=1.15dB$$

仅看噪声系数的数值，似乎信号源电阻为10kΩ时的噪声小。实际上是因为电阻产生的基准噪声电压变大了，所以与放大器产生的噪声之比就小了，其实绝对值大了。

2.2.7 测量输入换算噪声电压密度的频率特性

为了测量放大器在各频率下的噪声，需要使用专用的滤波器或锁相放大器。使用具有噪声测量功能的锁相放大器，能够在任何频率下测量任何带宽的噪声电压。

图2.7是用具有噪声测量功能的锁相放大器对制作的电路进行测量时输出到Y-T记录器的数据。由此也可以看出，在频率低且频带窄的噪声测量中，测量值因噪声而分散，所以测量时非常耗费时间。

输入短路状态下以频率为参数时，本电路的噪声特性如图

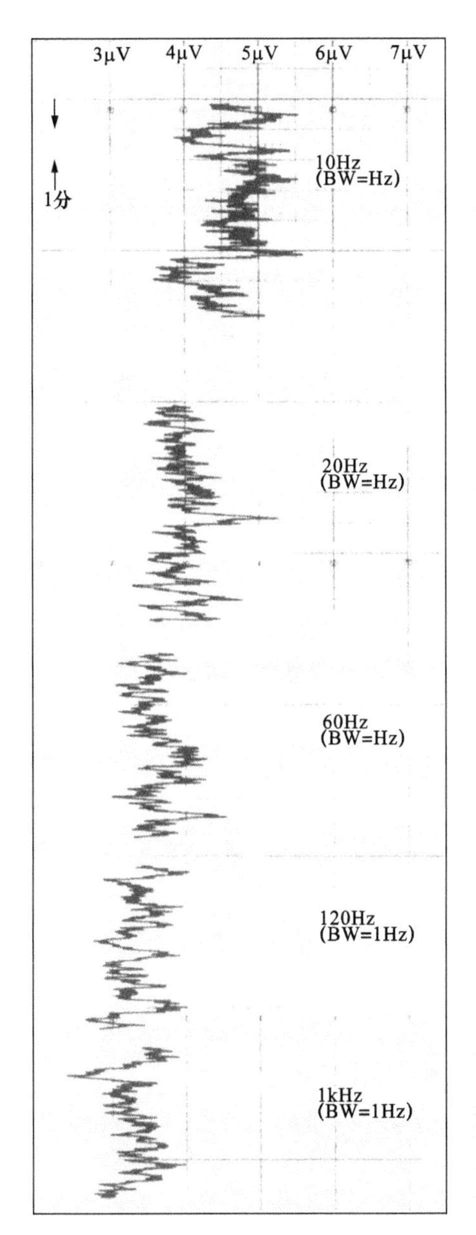

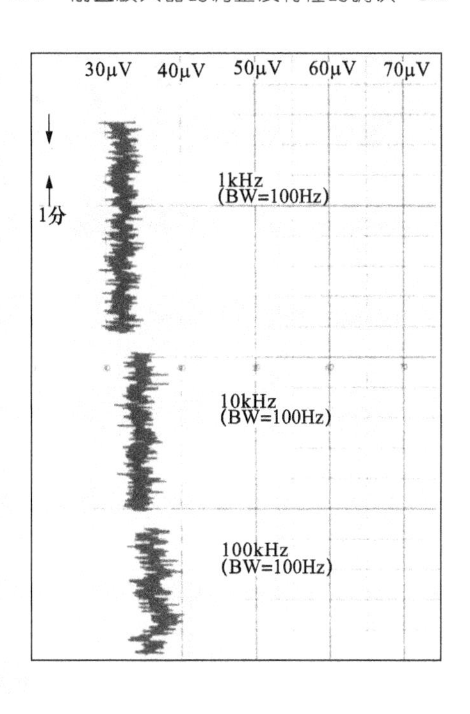

图 2.7 制作的前置放大器的输入换算噪声电压密度(用锁相放大器测量)

2.8 所示。从图中可以看出,1～10kHz 的噪声最低。

如上所述,噪声系数 NF 由信号源电阻和频率两个参数决定。如果信号源电阻低,基准的热噪声变小,所以噪声系数恶化;如果信号源电阻变大,输入噪声电流的影响变大,信号被输入阻抗分压的增益下降,噪声系数也恶化。

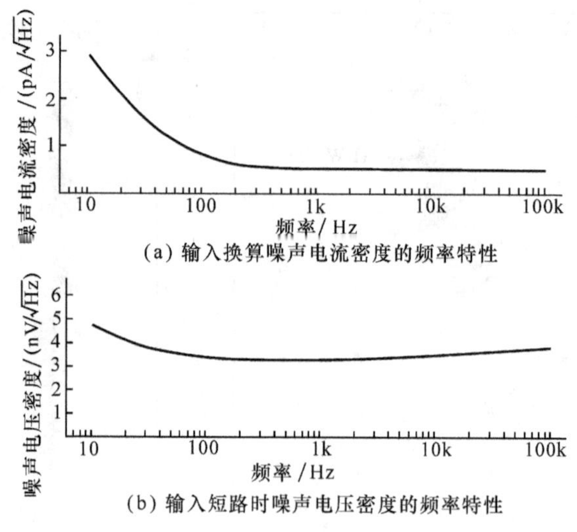

图 2.8 制作的前置放大器的噪声特性

为了用信号源电阻和频率这两个参数图示前置放大器的噪声系数 NF,我们对图 2.9 所示的等效电路进行计算。

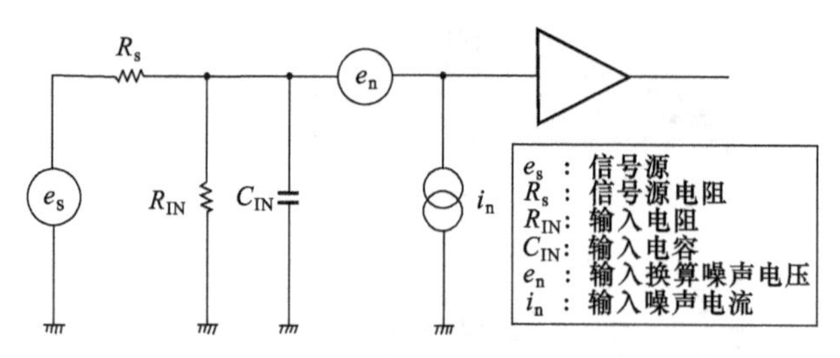

$$\text{输入的}S/N=\frac{e_s}{R_s\text{的热噪声}}$$

$$\text{输出的}S/N=\frac{e_s\cdot T_f}{\sqrt{(R_s /\!/ R_{in}\text{的热噪声})^2+e_n^2+(i_n\cdot R_{ZIN})^2}}$$

$$\text{噪声系数(dB)}=20\log\left(\frac{\sqrt{(R_s /\!/ R_{IN}\text{的热噪声})^2+e_n^2+(i_n\cdot R_{IN})^2}}{R_s\text{的热噪声}\cdot T_f}\right)$$

$$R_s\text{的热噪声}=\sqrt{4kTR_s}$$

$$R_s /\!/ R_{IN}\text{的热噪声}=\sqrt{4kT\frac{R_s\cdot R_{IN}}{R_s+R_{IN}}}$$

$$\text{对信号源的输入传输函数}T_f=\frac{R_{IN}}{R_s\cdot R_{IN}}\cdot\frac{1}{\sqrt{1+\left(2\pi f\cdot C_{IN}\cdot\frac{R_s\cdot R_{IN}}{R_s+R_{IN}}\right)^2}}$$

$$\text{从放大器看到的输入端阻抗}(R_{zin})\text{的实部}=\frac{\frac{R_s\cdot R_{IN}}{R_s+R_{IN}}}{1+\left(2\pi f\cdot C_{IN}\cdot\frac{R_s\cdot R_{IN}}{R_s+R_{IN}}\right)^2}$$

图 2.9 求噪声系数的方法

计算时输入短路时的噪声电压 e_n 来自测量值(图 2.8(b)),输入换算噪声电流 i_n来自使用的 OP 放大器 NJM5534 的数据表(图 2.8(a)),输入电容也考虑了输入电缆的电容,取值为 100pF。

噪声系数的计算结果(用计算机进行)示于图 2.10。在 1～10kHz,信号源电阻约 7kΩ 时,得到最小的 1dB。由于在这个范围是 1dB,所以理论上加到放大器上的噪声大约只有热噪声的值 12%。

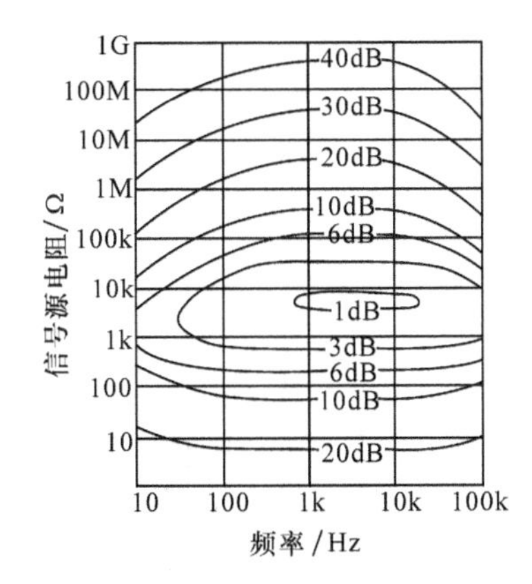

图 2.10 计算机求得的噪声系数图

2.2.8 失真率

如图 2.11 所示,失真率的测定是用陷波滤波器除去基波成分后,测量余下的高次谐波和噪声的有效值,用总电压的百分率 THD(Total Harmonic Distortion)表示。

但是,对于本电路这样的高增益前置放大器来说,与本来的失真率相比,噪声成分对这个值的影响更大。

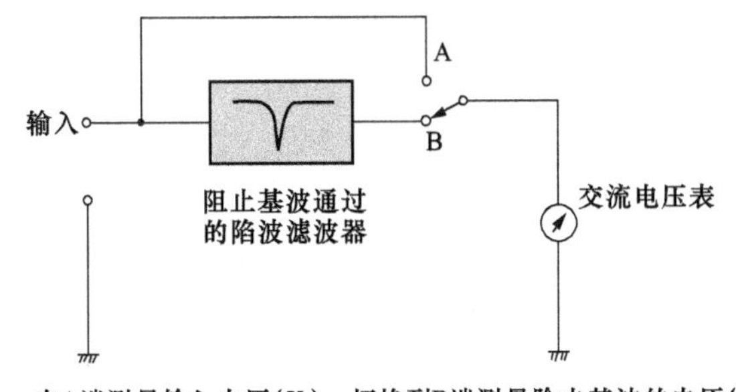

在A端测量输入电压(V_a),切换到B端测量除去基波的电压(V_b),

用式$\frac{V_b}{V_a}\times 100\%$算出失真。

图 2.11 失真率的测定法

由表2.5可知电路的输出噪声是4.4mV_{rms}，所以输出电压为7V_{rms}时的失真率只是噪声成分，为

$$4.4mV/7V=0.063\%$$

所以，当用失真率计测量噪声成分比失真率大的放大器时必须注意这一点。在前面介绍噪声时还曾经说过，由于失真率计的频率特性不同，测量值也会有差异。

图2.12的特性是用失真率计测量的结果。这种失真率计也叫做音频分析器，除含有噪声的THD之外，还有指示出除去噪声后的失真成分的功能。这是不容易分辨的。不过在这种失真率计中，是将前面所提到的THD表示为Distin，把纯粹的失真成分值表示为THD。

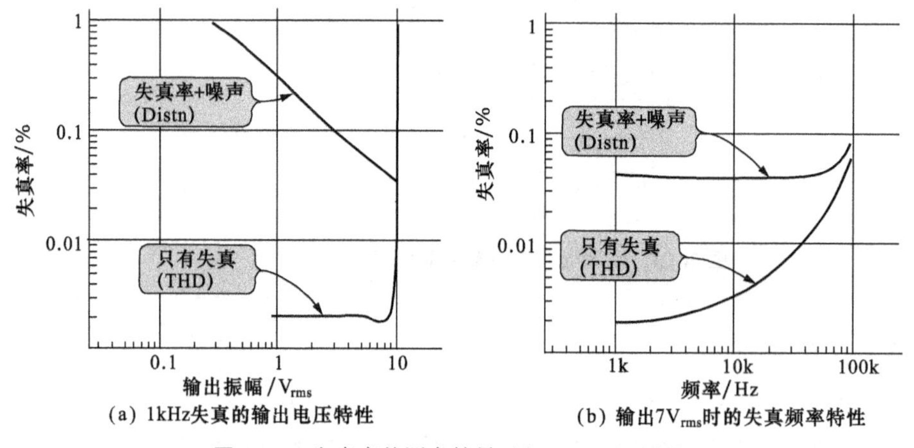

图2.12 失真率的测定结果(用VP7722A测量)

图2.12(a)中以1kHz的失真为纵轴，横轴是输出电压。输出电压直到9.5V_{rms}时，几乎没有发生失真，用Distin表示的测量值由噪声决定。而在8V_{rms}以下，THD的测量值也在测量仪器的临界值附近，所以不能说是准确值。

图2.12(b)是将输出电压固定为7V_{rms}，以频率为横轴的测量结果。可以看到以THD表示的失真值，大约从10kHz开始增加。这是因为在低频范围反馈量大，使失真得到改善；而高频范围的反馈量小，所以失真没有得到改善。

照片2.6是拍到的失真波形。照片(a)是输出9.5V_{rms}时的情况，失真十分小。可以看到照片(b)中输出9.75V_{rms}时波形的下侧受到限制，照片(c)中输出10.25V_{rms}时波形的上侧也受到限制。

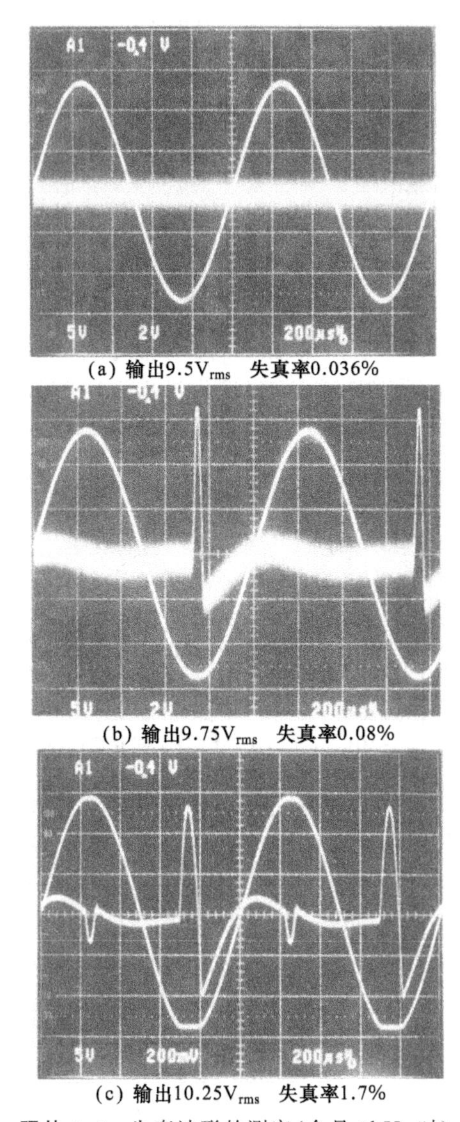

(a) 输出9.5V_{rms} 失真率0.036%

(b) 输出9.75V_{rms} 失真率0.08%

(c) 输出10.25V_{rms} 失真率1.7%

照片 2.6 失真波形的测定(全是 1kHz 时)

参 考 文 献

[1] HENRY W OTT,『実践ノイズ逓減技法』,ジャテック出版

[2] 大倉郁夫他,『OP アンプの応用回路』,産報出版

[3]『5080 取扱説明書』,㈱エヌエフ回路設計ブロック

[4]『M174 取扱説明書』,㈱エヌエフ回路設計ブロック

[5]『LI575 取扱説明書』,㈱エヌエフ回路設計ブロック

[6]『VP7722 A 取扱説明書』,松下通信工業㈱

[7]『各社データブック』,新日本無線,シグネティックス,日本バー・ブラウン,アナログ・デバイセズ,ナショナル・セミコンダクター,NEC,リニアテクノロジー

[8] 遠坂俊昭,「データ·シートによるOPアンプのモデル作り」,
『トランジスタ技術』,1994年6月号,pp.326～338,CQ出版㈱

专栏A

噪声特性的评价

当评价与音响有关的放大器的噪声特性时,由人类听觉所确定的频率特性具有各种规格。交流电压表是一种具有切换各种规格的频率特性功能的测量仪器。M174B交流电压表是其中的一例。图2.A示出部分可以内藏于M174B的各种规格的特性。

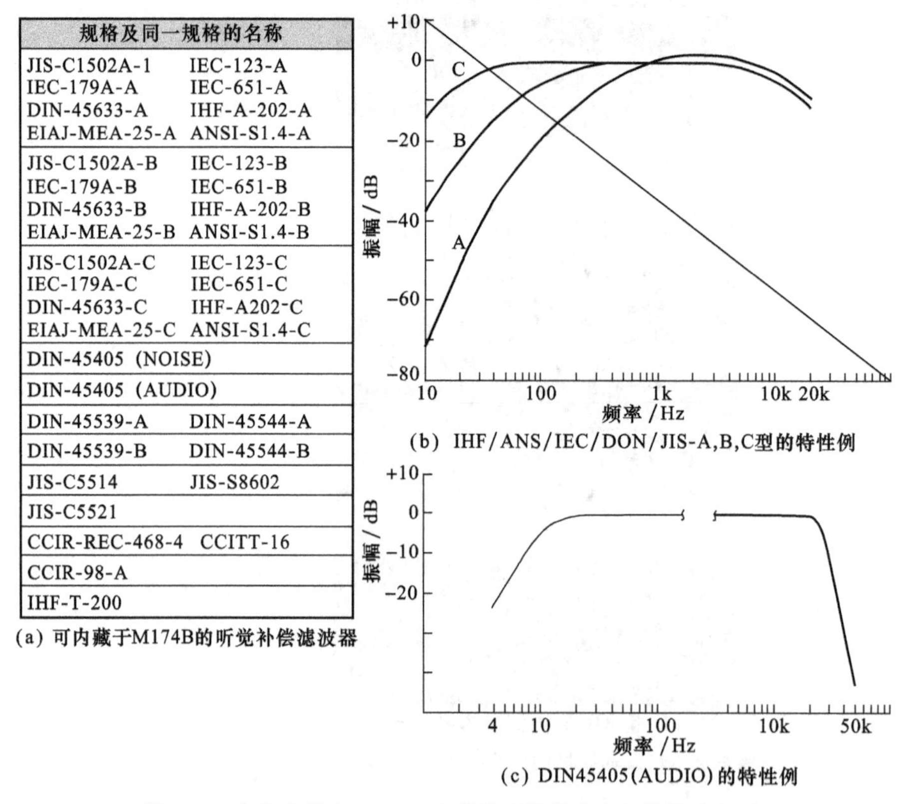

规格及同一规格的名称	
JIS-C1502A-1	IEC-123-A
IEC-179A-A	IEC-651-A
DIN-45633-A	IHF-A-202-A
EIAJ-MEA-25-A	ANSI-S1.4-A
JIS-C1502A-B	IEC-123-B
IEC-179A-B	IEC-651-B
DIN-45633-B	IHF-A-202-B
EIAJ-MEA-25-B	ANSI-S1.4-B
JIS-C1502A-C	IEC-123-C
IEC-179A-C	IEC-651-C
DIN-45633-C	IHF-A202-C
EIAJ-MEA-25-C	ANSI-S1.4-C
DIN-45405 (NOISE)	
DIN-45405 (AUDIO)	
DIN-45539-A	DIN-45544-A
DIN-45539-B	DIN-45544-B
JIS-C5514	JIS-S8602
JIS-C5521	
CCIR-REC-468-4	CCITT-16
CCIR-98-A	
IHF-T-200	

(a) 可内藏于M174B的听觉补偿滤波器

(b) IHF/ANS/IEC/DON/JIS-A,B,C型的特性例

(c) DIN45405(AUDIO)的特性例

图2.A 交流电压表M174B内藏的听觉补偿滤波器及特性例

如果用添加了这些规格的频率特性的交流电压表测量输入换算噪声电压,就可以公平地对放大器的噪声特性进行比较。

另外如图2.B所示,交流电压表有平均值指示和有效值指示两种。在测量正弦波(只含单一频率的波形)的场合,哪种指示结果都是相同的。但是在测量失真波(含有多个频率成分的波形)的场合,指示是有差别的。特别是在测量噪声的场合,用有效值型交流电压表测得结果更准确。

顺便指出,在测量噪声频谱平坦的白噪声的场合,平均值指示型电压表

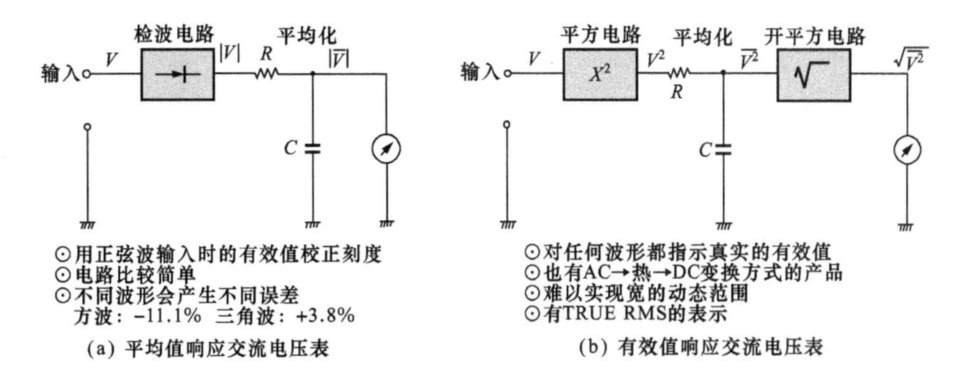

(a) 平均值响应交流电压表　　(b) 有效值响应交流电压表

图 2.B 交流电压表的两种形态

的指示值大约比有效值指示型电压表低 11%。所以，必须修正后使用。

第3章
电流输入放大器的设计

放大器的作用是将微弱信号放大到某种电平。一般来说，几乎都是放大电压信号。但是对于传感器等来讲，也有处理电流信号的情况。本章介绍有关电流信号放大的知识。

3.1 电流输入放大器概述

3.1.1 电流输入放大器

一般来说，对于从传感器获得的微弱信号进行处理的前置放大器，就像第2章介绍的那样，大多是电压输入放大器。不过有些情况下也需要电流输入放大器(照片3.1)。

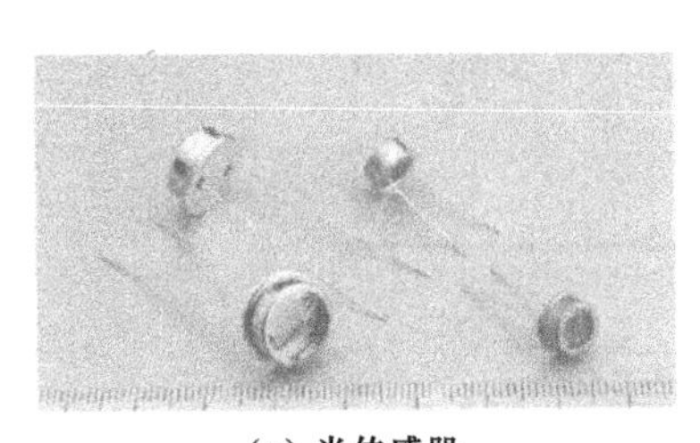

(a) 光传感器

(b) CT (电流传感器)

照片3.1 需要电流输入型放大器的传感器

例如，光二极管等光传感器微小的输出电流与输入光的强度成比例。因此，使用的前置放大器必须是电流输入型。电力系统中使用的电流传感器CT(Current Transformer)输出的也是电流。所以就适应传感器的种类来说，前置放大器可以分为电压输入和电流输入两种类型。

图3.1是电压输出型传感器与电压输入前置放大器连接时的

等效电路。电压输出型传感器中，检出电压 V_s 被传感器的输出阻抗 Z_s 和前置放大器的输入阻抗 Z_{IN} 分压。因此，为了提高传感器输入到前置放大器的效率，必须使 Z_{IN} 比 Z_s 大很多。

$$V_s' = V_s \cdot \frac{Z_{IN}}{Z_s + Z_{IN}}$$

$Z_s \ll Z_{IN}$ 时，$V_s' \approx V_s$

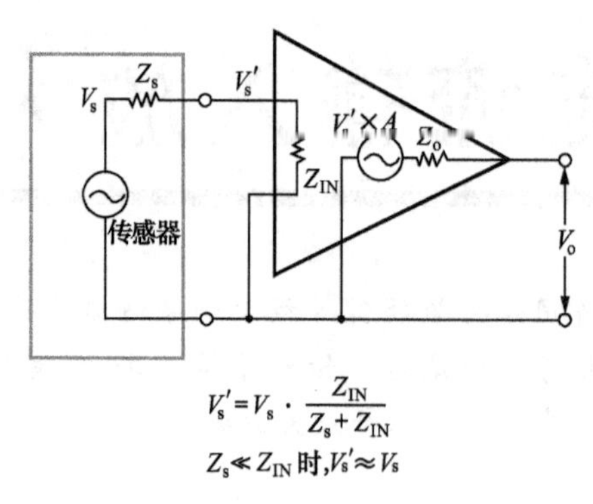

图 3.1 电压输出型传感器的接续

图 3.2 是电流输出型传感器与电流输入前置放大器连接时的等效电路。电流输出型传感器中，检出电流被传感器的输出阻抗 Z_s 和前置放大器的输入阻抗 Z_{IN} 分流，所以与电压输入的情况相反，要求 Z_{IN} 比 Z_s 小得多。然后，输入的信号电流通过变换系数 r（V/A）变换为输出电压。

$$I_s' = I_s \cdot \frac{Z_s}{Z_s + Z_{IN}}$$

$Z_s \gg Z_{IN}$ 时，$I_s' \approx I_s$

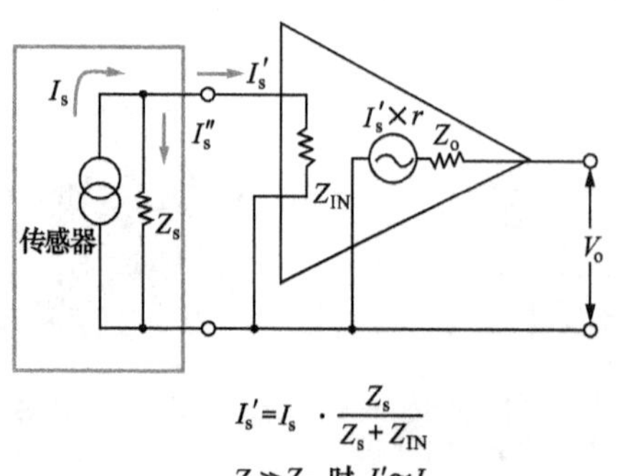

图 3.2 电流输出型传感器的接续

3.1.2 实现电流输入放大器的两种电路

实现电流输入的放大器有图 3.3 所示的两种方法。一种如图(a)所示用输入电阻将电流变换为电压后再进行放大。另一种是利用负反馈降低输入阻抗，实现纯粹的电流输入的前置放大器。

图 3.3(a)的电路中，电流要流过电流-电压变换电阻 R_c，这样

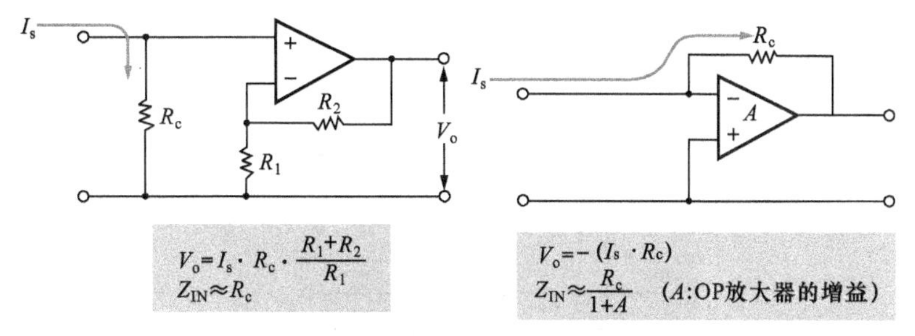

(a) 利用输入电阻R_c将电流变换为电压后放大　(b) 基于负反馈的电流输入放大器

图 3.3 实现电流输入前置放大器的方法

一来从信号源看进去，电阻 R_c 就变成了负载。所以 R_c 的值必须小，使得从信号源来看几乎感觉不到 R_c 值的影响。另外，图 3.3(a)中，由于电阻 R_c 将电流变换成了电压，所以后面的电路就可以作为第 2 章介绍过的普通前置放大器来考虑。不过往往流过的是大电流，所以需要有处理大电流的专业知识。

图 3.3(b)的方法中，即使增大了电流-电压变换电阻 R_c 的值增大，也可以通过负反馈的作用把输入阻抗降到很低。因此能够实现高灵敏度、低噪声的电流输入前置放大器，这叫做负反馈电流输入前置放大器。但是，负反馈电流输入前置放大器中还有许多必须解决的问题。

3.1.3 从噪声角度看负反馈电流输入前置放大器的效果

图 3.4 通过具体的数值说明了负反馈电流输入前置放大器的效果。这里使用的 OP 放大器的输入换算噪声电压与输入换算噪声电流是低噪声 FET 输入 OP 放大器的一般值。数值表明图 3.4(b)的低噪声性能要好得多。

在检出光传感器等的微小电流时，图 3.4(b)的方法非常有效。不过使用时必须注意以下事项：

① 使用 OP 放大器的偏置电流要比检测的最小信号电流小得多。因此要使用低噪声的 FET 输入 OP 放大器。

② 由于输入电流全部流过反馈电阻 R_c，所以输入电流的最大值不能超过 OP 放大器的输出最大电流。

③ 由于反馈电阻 R_c 的值往往很大，负反馈会因放大器的输入电容、输入电缆的电容以及传感器的输出电容等而变得不稳定。因此，设计负反馈时必须明确使用的条件。

④ 输入阻抗随反馈量而变化。

⑤ 反馈量随信号源电阻的大小而变化。

⑥ 实际安装时必须注意不要产生漏电流。

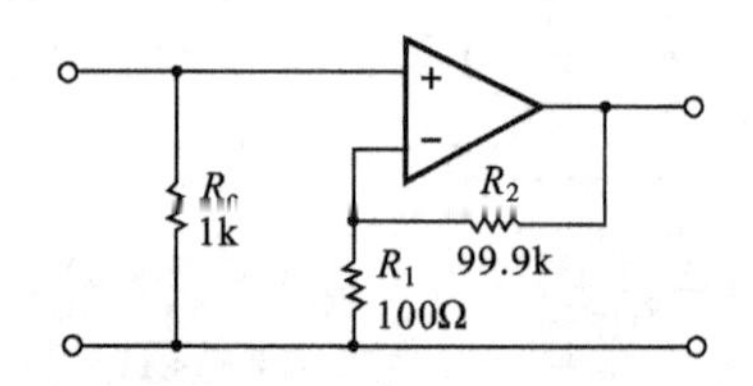

$$\text{输出噪声}=\sqrt{(R_c\text{的热噪声})^2+(R_1 /\!/ R_2\text{的热噪声})^2+e_n^2+(i_n \times R_c)^2}\times 1000$$
$$\approx\sqrt{(4.07\text{nV})^2+(1.29\text{nV})^2+(10\text{nV})^2+(10\text{pV})^2}\times 1000$$
$$\approx 10.9\mu\text{V}/\sqrt{\text{Hz}}$$

(a) 电压输入放大器的情况

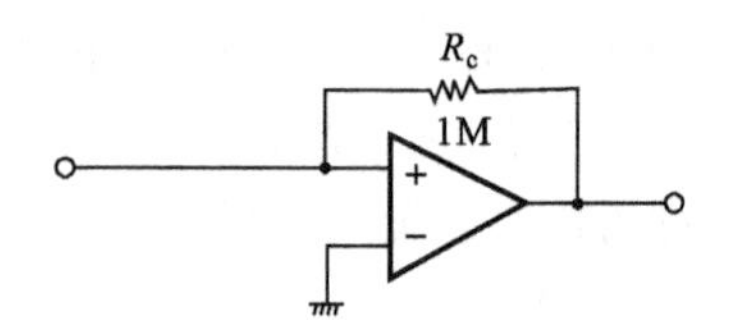

$$\text{输出噪声}=\sqrt{(R_c\text{的热噪声})^2+e_n^2+(i_n \times R_c)^2}$$
$$\approx\sqrt{(129\text{nV})^2+(10\text{nV})^2+(10\text{nV})^2}$$
$$\approx 130\text{nV}/\sqrt{\text{Hz}}$$

(b) 电流输入放大器的情况

e_n：OP放大器的输入换算噪声电压为$10\text{nV}/\sqrt{\text{Hz}}$

i_n：OP放大器的输入换算噪声电流为$0.01\text{pA}/\sqrt{\text{Hz}}$

图 3.4 将 1μA 的电流变换为 1V 时的噪声比较

3.1.4 检测大电流的电流输入前置放大器

前面已经说明了对于微小电流（mA 量级以下）在 S/N 的问题上负反馈电流输入前置放大器具有优越性。即使对于大电流（A 量级以上），S/N 也不成为问题。因此，使用基于输入电阻的电流-电压变换前置放大器。在大电流情况下，与其说是电流输入前置放大器，不如说是电流检测电路比电流输入前置放大器更适合。

由于是电流检测电路，所以必须尽量抑制检测电阻上的电压降。另外，如果这个检测电阻消耗功率，检测电阻自身就会发热，并引起电阻值发生变化。所以要求检测电阻的值一定要低。

如图 3.5 所示，大电流测定中引线电阻成为一个需要注意的问题。一般引线的材质是铁或铜，电阻值的温度系数差。为了避免引线带来的影响，应该使用图 3.6 所示的四端电阻。

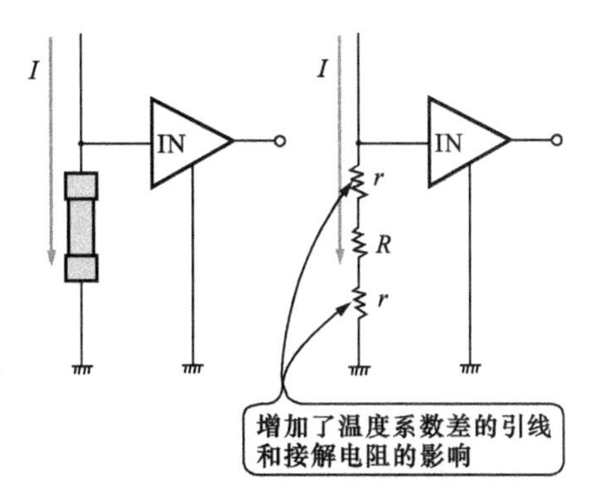

图 3.5 用二端电阻检出大电流

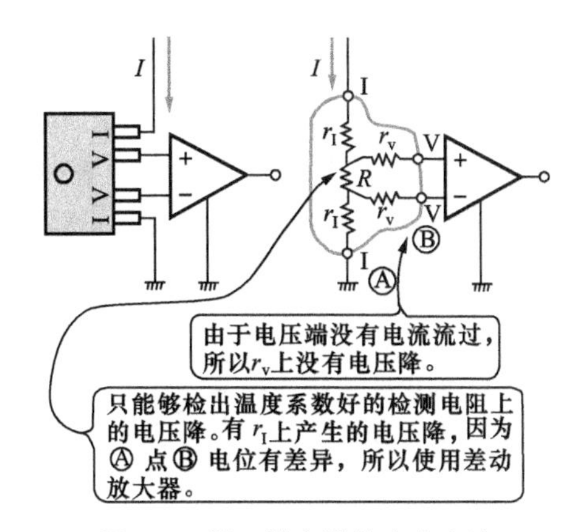

图 3.6 用四端电阻检出大电流

四端电阻直接从温度系数低的电阻体上引出电压端子，电压端子与电流端子分别引出形成 4 个端子。如图 3.7 所示，使用时电压端子上没有电流流过，所以不存在电压端子的引线电阻和接触电阻上产生电压降，检测出的只是电流检测电阻上产生的电压。

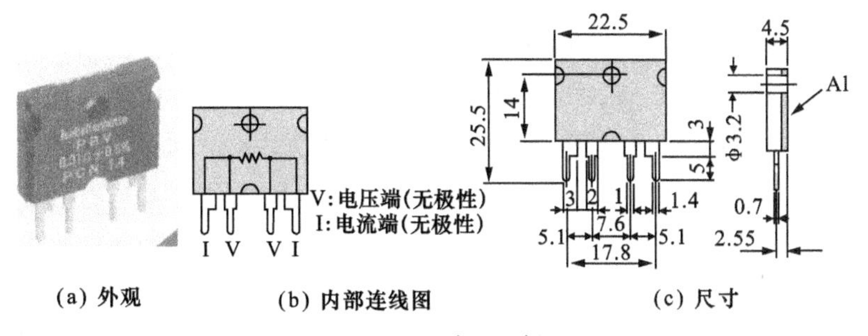

(a) 外观　　(b) 内部连线图　　(c) 尺寸

图 3.7 四端电阻例

型号	额定功率/W		电阻值范围/Ω	电阻值允许误差（%）	电阻温度系数（20～60℃）	使用温度范围	内部热阻
	有底座	无底座					
PBV	10	1.5	0.001～1	±0.5，±1，±2，±5	±30ppm/℃ max(R>10mΩ)	-55～+125℃	2℃/W

(d) 电特性

图 3.7 四端电阻例(续)

但是，为了只检测 R 两端的电压，前置放大器要使用差动放大器。关于差动放大器将在第6章介绍。

3.2 负反馈电流输入前置放大器的设计

3.2.1 负反馈电流输入前置放大器的 S/N

负反馈电流输入前置放大器的 S/N 受反馈电阻的影响很大。图3.8是反馈电阻的值从1MΩ变化到100kΩ时的情况。由于反馈电阻 R_c 的值变小，电流-电压变换增益减小的部分由次级放大，所以得到与图3.4(b)相同的增益。

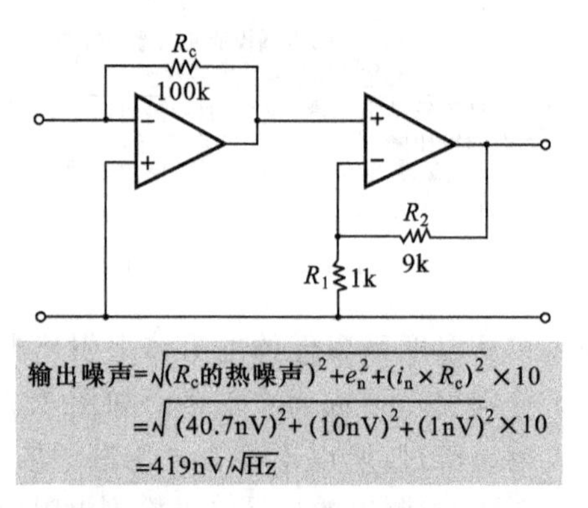

$$输出噪声=\sqrt{(R_c的热噪声)^2+e_n^2+(i_n\times R_c)^2}\times 10$$
$$=\sqrt{(40.7nV)^2+(10nV)^2+(1nV)^2}\times 10$$
$$=419nV/\sqrt{Hz}$$

图 3.8 改变反馈电阻时噪声的变化

从图3.4的计算看到，电流-电压变换增益与反馈电阻值成比例。而反馈电阻上产生的噪声与电阻值的平方根成比例。就是说，取反馈电阻 R_c 的值为1/10，则增益变为1/10。而反馈电阻上产生的热噪声变为 $1/\sqrt{10}$ 倍。因此，反馈电阻的值越大越有利于 S/N。

图3.4的参数中反馈电阻产生的热噪声是处于支配地位的。不过，当反馈电阻值进一步变大时，OP放大器的输入换算噪声电流值也就不能忽略了。

例如，0.01pA(rms)的输入换算噪声电流值变成与反馈电阻的热噪声相等值时的电阻值为

$$R_c \times 0.01\text{pA} = \sqrt{4kTR_c}$$

由此得到，$R_c = 165.5\text{M}\Omega$。

因此，在反馈电阻的值超过 100MΩ 场合，如果使用输入换算噪声电流更小的 FET OP 放大器，就可以实现更低噪声的电流输入前置放大器。但是，增大反馈电阻对于频率特性是不利的。微小的输入电容、传感器的输出电容甚至反馈电阻自身的浮游电容都会使频率特性发生变化，影响稳定性。所以重要的是从必要的频率带宽以及 S/N 这两方面来选择适当的反馈电阻值。

3.2.2 负反馈电流输入前置放大器的模拟

使用负反馈电流输入前置放大器时，由于反馈电阻的值很大，所以频率特性会因微小的输入电容而变化。就是说这样的放大器的重复性非常难。所以在实际制作之前，往往要用电路模拟软件 PSpice 对频率特性进行计算机模拟。使用模拟器能够方便地进行参数调整。

表 3.1 用于是模拟的通用 FET 输入 OP 放大器 LF356 的参数，表 3.2 是模拟表。

表 3.1 用于 PSpice 模拟的通用 OP 放大器 LF356 的模型参数

参数	值
输入电阻 R_{IN}	$10^{12}\Omega$
输入电容 C_{IN}	3pF
直流电压增益 A_v	200V/mV
增益带宽积 GBP	5MHz
转换速率 SR	12V/μs
第 2 极	5MHz
输出电阻	30Ω

图 3.9 是频率模拟的结果。由此可以看出，反馈电阻和输入电容引起的相位滞后加到 LF356 的相位滞后上，在高频范围产生了凸峰。这里还可以看到给反馈电阻并联上补偿相位用电容时所发生的变化。

这说明仅有几 pF 的微小电容量的变化就给频率特性带来很

表 3.2 基于 PSpice 的频率特性模拟表

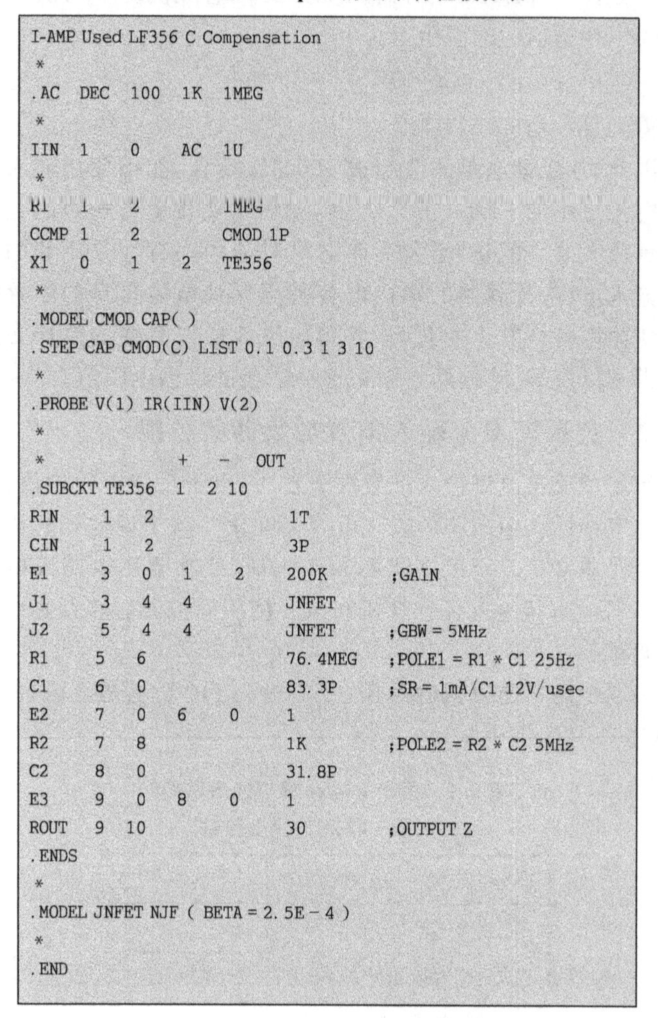

```
I-AMP Used LF356 C Compensation
*
.AC  DEC  100  1K  1MEG
*
IIN  1   0   AC  1U
*
R1   1   2       1MEG
CCMP 1   2       CMOD 1P
X1   0   1   2   TE356
*
.MODEL CMOD CAP( )
.STEP CAP CMOD(C) LIST 0.1 0.3 1 3 10
*
.PROBE V(1) IR(IIN) V(2)
*
*              +   -   OUT
.SUBCKT TE356  1   2  10
RIN    1   2             1T
CIN    1   2             3P
E1     3   0   1   2     200K      ;GAIN
J1     3   4   4         JNFET
J2     5   4   4         JNFET     ;GBW = 5MHz
R1     5   6             76.4MEG   ;POLE1 = R1 * C1 25Hz
C1     6   0             83.3P     ;SR = 1mA/C1 12V/usec
E2     7   0   6   0     1
R2     7   8             1K        ;POLE2 = R2 * C2 5MHz
C2     8   0             31.8P
E3     9   0   8   0     1
ROUT   9  10             30        ;OUTPUT Z
.ENDS
*
.MODEL JNFET NJF ( BETA = 2.5E-4 )
*
.END
```

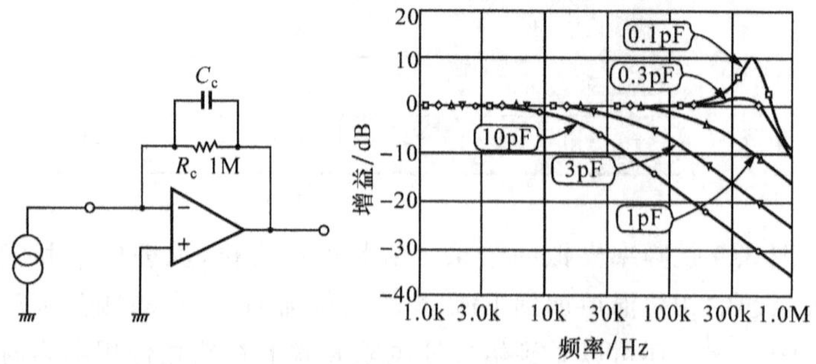

图 3.9 改变相位补偿用电容 Cc 的值时增益频率特性的变化(基于 PSpice)

大的影响，所以实装时重要的问题是设法减小布线等的浮游电容。

图 3.10 是输入阻抗的频率特性。可以看出在高频范围内由于反馈量的减少，输入阻抗变大的情况。理论上讲，负反馈电流输入前置放大器的输入阻抗好像非常低，可以看到当反馈电阻的值大（也有 1MΩ）时在 1Hz 下是 5Ω，但是在 1kHz 就变成了 200Ω。

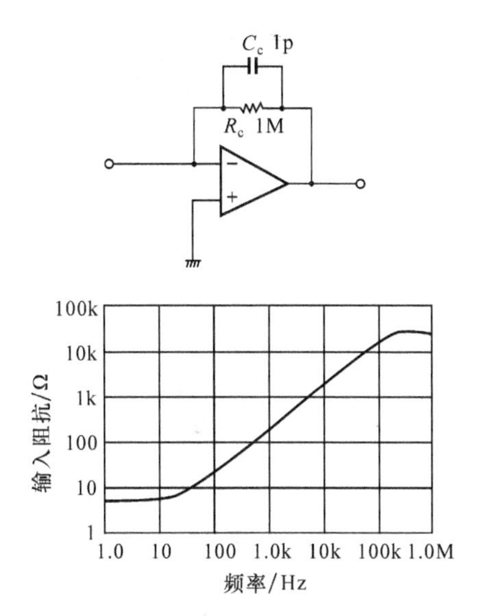

图 3.10 电流输入放大器输入阻抗的频率特性(基于 PSpice)

图 3.11 是给输入加电容时的特性。当给输入加电容时，负反馈电流输入放大器的频率特性会发生很大的变化。因此，必须注意连接传感器与负反馈电流输入前置放大器的屏蔽电缆线。一般的屏蔽电缆线约有 100～200pF/m 的电容成分。所以接线要尽量短。如果可能，将前置放大器与传感器直接连接起来是获得最佳频率特性的安装方法。

图 3.12 是给输入加电阻时的特性。需要注意实际上电流输出传感器的输出阻抗未必很大。如果把信号源电阻连接到电流输出的传感器上，就等效为反转放大器电路。如果信号源电阻的值变小，电路的增益提高，OP 放大器输入换算噪声电压被放大，输出噪声就会增大。而且由于反馈量的减小，频率特性也会恶化。

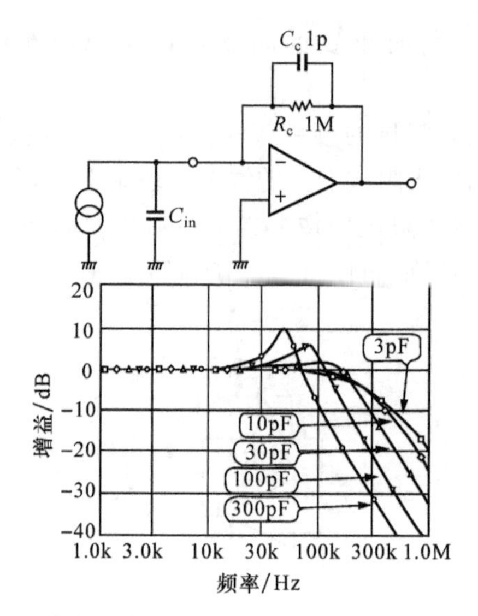

图 3.11 改变电路输入电容时的增益频率特性(基于 PSpice)

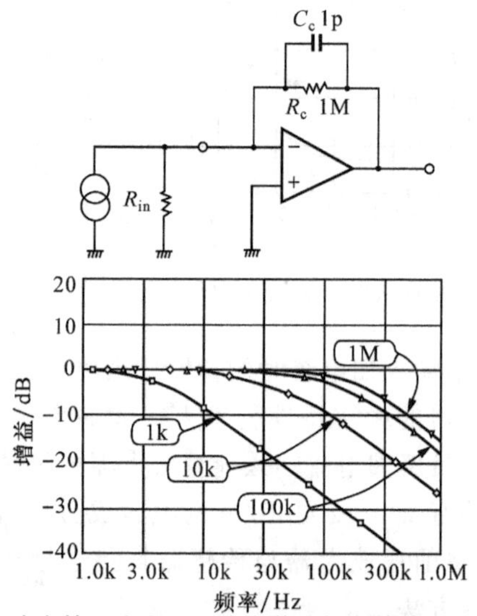

图 3.12 改变输入电阻 R_{IN} 时的增益频率特性(基于 PSpice)

3.2.3 负反馈电流输入用 OP 放大器的选择

用于负反馈电流输入放大器的 OP 放大器的条件是输入偏置电流和输入换算噪声电流要小于检出电流。所以,一般来说使用 FET 输入 OP 放大器是有利的。

但是,温度每上升 10℃时 FET 输入 OP 放大器的输入偏置电流就会增加 2 倍。相反,双极晶体管输入 OP 放大器在温度上升时，偏置电流有减少的倾向。图 3.13 示出了典型的 OP 放大器输入偏置电流的温度特性。

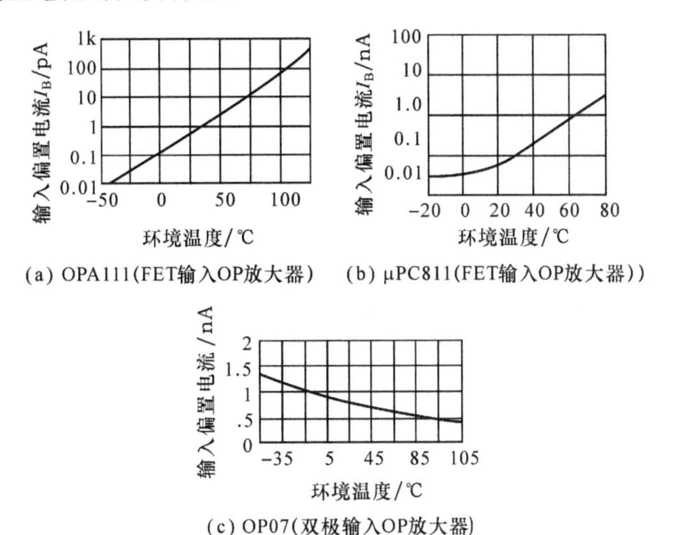

图 3.13 典型的 OP 放大器输入偏置电流的温度特性

在高温环境中应用时 FET 输入型不能令人放心，需要认真分析参数表，来选定 OP 放大器。在环境温度低的场合，如果从 OP 放大器输出较大的电流，由于自身发热会使芯片温度升高。所以在需要大电流的场合，在 FET 输入 OP 放大器的输出级需要设计缓冲器之类的电路，尽量避免电流-电压变换放大器的发热。

电流输入放大器的反馈量会因信号源电阻值的变化而变化。由于输入端断开时的反馈量是 100%，所以必须使用即使缓冲器增益为 1 也不发生振荡、相位余量大而且稳定的 OP 放大器。

3.2.4 反馈电阻——大电阻的选择

如果要测量微小电流，负反馈电阻必须是大电阻。不过超过 1MΩ 的情况也是特殊的。另外，电阻器受污染时会影响电阻的绝缘性能，使用时应该注意这些问题。

以前，常把大电阻封入玻璃壳内使用。现在，使用图 3.14 所示的普通形式即可。从频率特性考虑，要求电容成分必须小。一般来说，体积大的电阻电容成分小。

噪声特性当然很重要。不过参数表中往往看不到与噪声特性有关的数据。所以实际上需要购入多种电阻比较使用。

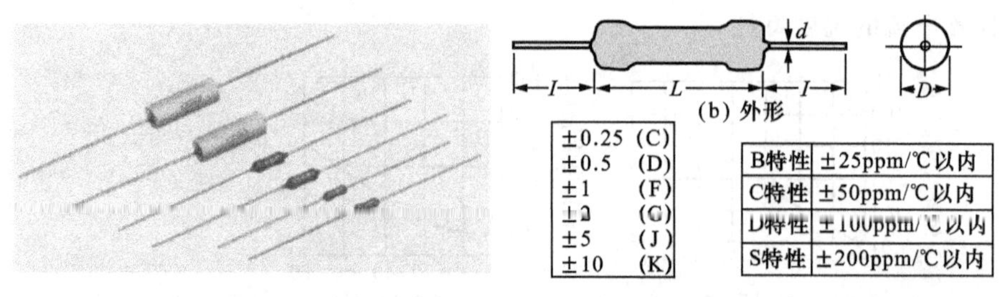

(a) 外观　　(c) 电阻值容许误差　　(d) 温度系数

型号	特性	最大温度系数/(ppm/℃)	电阻值范围		额定功率/W	最高使用电压DC/kV	标准波脉动电压/kV*	尺寸/mm			
			最小/MΩ	最大/MΩ				L	D	I	d
RH$\frac{1}{2}$HV	B	± 25	0.1	50	$\frac{1}{2}$	1.5	3	13	4.5	38	0.8
	C	± 50	0.1	100							
	D	± 100	0.1	1000							
	S	± 200	0.1	5000							
RH1HV	B	± 25	0.1	100	1	2	4	14.5	4.5	38	0.8
	C	± 50	0.1	100							
	D	± 100	0.1	2000							
	S	± 200	0.1	10000							
RH2HV	B	± 25	0.1	100	2	5	10	26.5	5.5	38	1
	C	± 50	0.1	500							
	D	± 100	0.1	2000							
	S	± 200	0.1	10000							

*1.2×50μs

(e) 电特性

图 3.14 高精度大电阻例

3.2.5 前置放大器的实装技术

照片 3.2 处理微小电流时，希望使用金属 CAN 型封装的 OP 放大器

处理微小电流的高灵敏度电流输入前置放大器中，由于处理的电流很微弱，所以对于电路使用的各种元器件也都必须特别注意。

塑料 DIP 封装和小型 OS 封装器件是最近 OP 放大器的主流。不过对于实装处理微小电流的 OP 放大器来说，使用金属 CAN 型封装(照片 3.2)更为有利，因为 CAN 型的绝缘电阻最高。另外，还必须注意不能污染，以防止发生漏电现象。

印制电路板由于使用的材质不同，因而绝缘电阻也有差异。纸酚醛系有吸湿性，所以要避免使用。应该采用绝缘电阻高的底板材料，如玻璃、环氧树脂等(参看专栏 B)。

在信号输入部分，如图 3.15 所示，可靠的方法是采用吸湿性小、化学稳定性好的聚四氟乙烯端子。实际的使用方法如图 3.16 所示，用等电位导体保护垫圈将四周围起来，不产生电位差，并且可以把漏电流降低到极小。

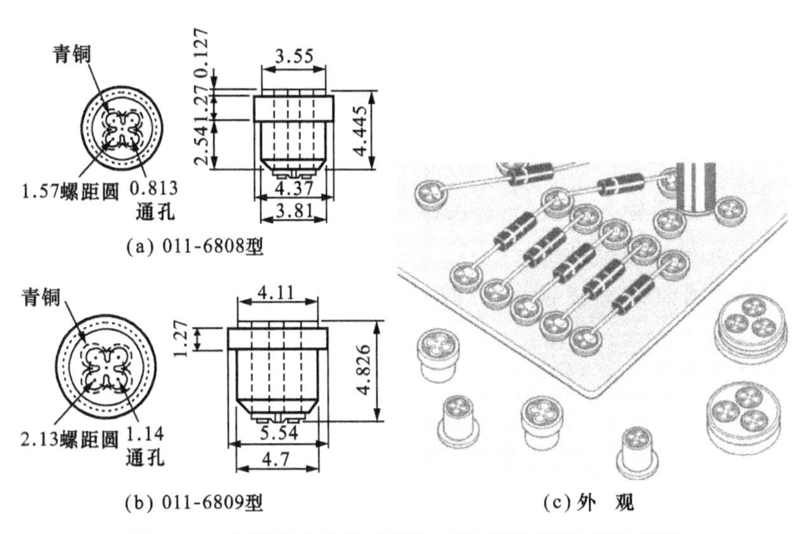

图 3.15　为了确保高输入阻抗，使用聚四氟乙烯制端子

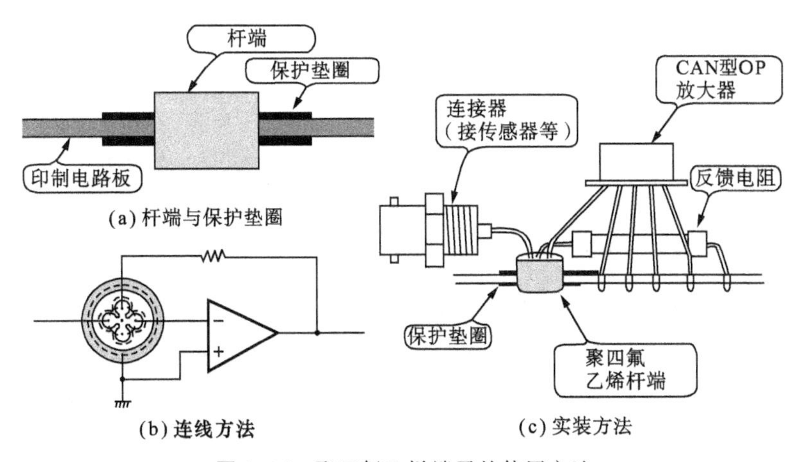

图 3.16　聚四氟乙烯端子的使用方法

如图 3.11 所示的模拟结果，微小电容的变化会引起频率特性的变化，所以要求将元器件固定不发生振动，并牢固地装入机箱。

如果能够预先确定所使用的传感器，最好能够将传感器与前置放大器组装在一起，这对于电路的性能是有利的。

3.3 实际的负反馈电流输入放大器

3.3.1 试制的电流输入放大器的概况

现在实际制作处理微小电流的电流放大器。这里利用了计算机模拟，使用噪声比较低，价格比较便宜的 CAN 型 OP 放大器 LF356H。制作放大器的参数指标如下：

① 电流-电压变换增益：1V/μA。

② 振幅-频率特性：在 100kHz，−3dB 以内。

③ 最大输入电流：±10μA。

④ 最大输出电压：±10V。

电路如图 3.17 所示，比较简单。

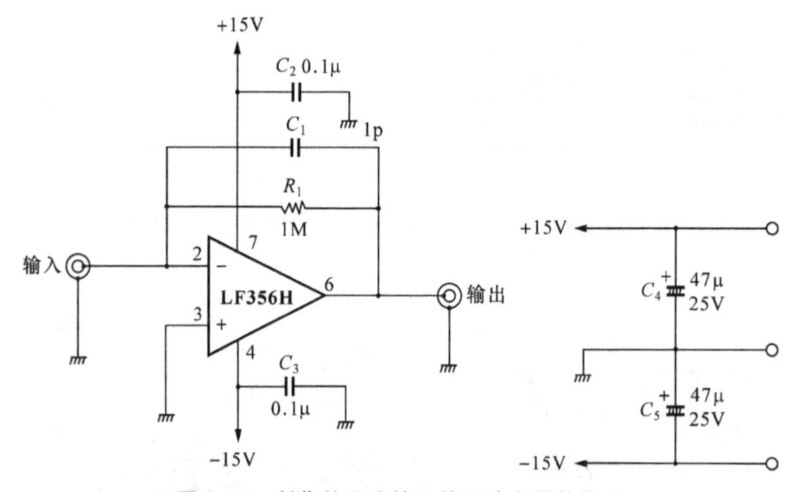

图 3.17 制作的电流输入前置放大器的构成

实验中，由于振荡器等测量仪表的输出阻抗一般是 50Ω，以电压输出，所以如图 3.18 所示，在信号源的输出端插入 1MΩ 的电阻，将电压源变换为电流源。但是由于这个变换电阻是大电阻，容易引入噪声，所以要给这个变换电阻加上屏蔽罩，用 BNC 插头直接与电流输入放大器连接。

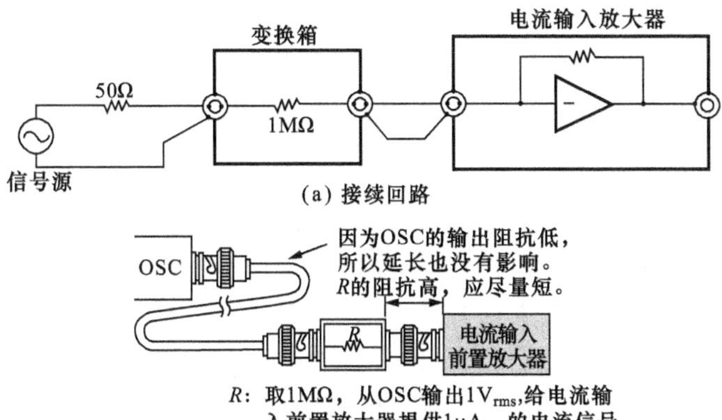

(a) 接续回路

R：取1MΩ，从OSC输出$1V_{rms}$，给电流输入前置放大器提供$1\mu A_{rms}$的电流信号。

(b) 电压-电流转接器的使用方法

(c) 电压-电流转接器
(变换箱由元件、框架、箱体组成)

图 3.18 测定特性用的电压-电流变换电路：微小电流信号源

3.3.2 实际特性的测量

图 3.19 是制作的电路的振幅-相位-频率特性。在 200kHz 为 −3dB，与图 3.9 示出的模拟结果基本一致。

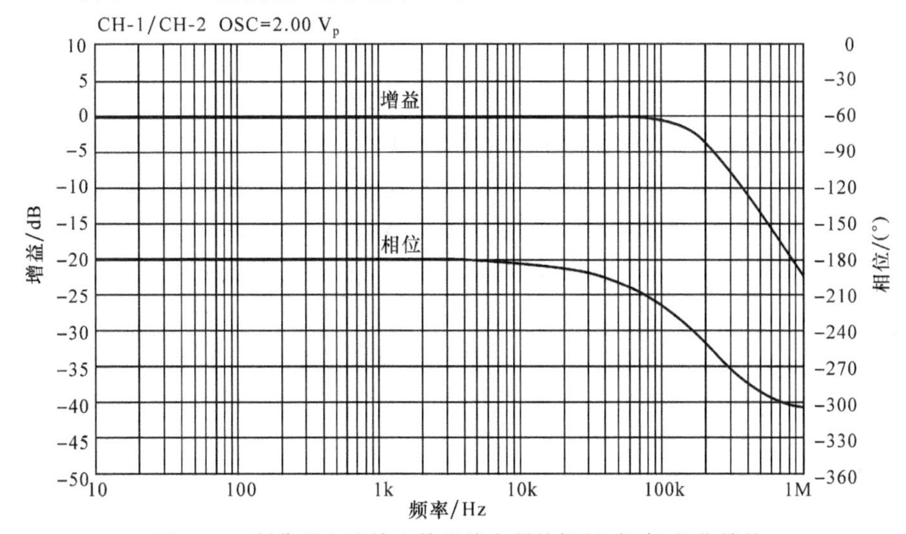

图 3.19 制作的电流输入前置放大器的振幅-频率-相位特性

图 3.20 是失真率-频率特性。在低频下取信号源阻抗为 1MΩ 进行测量，由于加有足够的负反馈，电压增益也小，所以失真率非常低。但是频率升高时，由于 OP 放大器的开环增益下降，反馈量减少，所以失真率成分增加了。

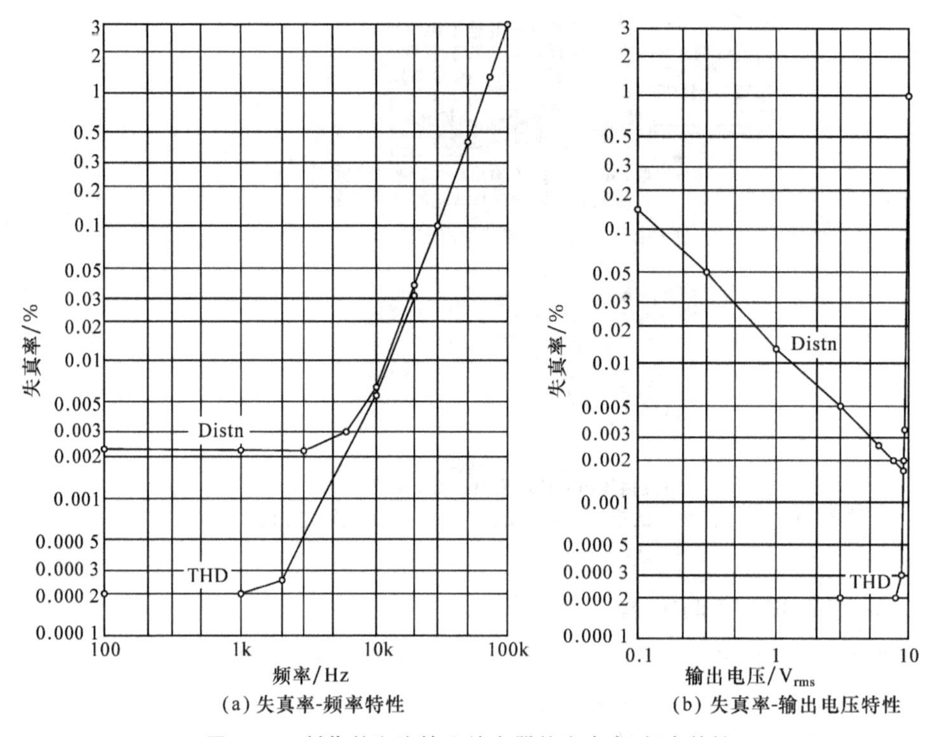

图 3.20 制作的电流输入放大器的失真率-频率特性

没有示出输出噪声电压密度的数据，不过在输入端开路状态下从 10Hz 测量到 100kHz，得到 130～150nV/$\sqrt{\text{Hz}}$，呈现出基本平坦的频率特性。用输入换算噪声电流表示，就是 0.13～0.15pA/$\sqrt{\text{Hz}}$。正如在图 3.4 中讨论过的那样，这是由于 1MΩ 的反馈电阻所产生的热噪声处于支配地位的缘故。

照片 3.3 是对 10kHz 方波的响应波形。照片(a)是小振幅下的响应，是一个没有凸峰很规整的波形。如照片(b)所示，在 $20V_{p\text{-}p}$的大振幅情况下，出现了一定的凸峰。这个凸峰表明有 $10V_{p\text{-}p}$以上的电压。

照片 3.4 是放大了的上升波形，上升时间是 1.9μs。按照下式，－3dB 的截至频率 f_{ch}＝184kHz，可以看出与实际测量值基本一致。

$f_{ch}=0.35\div$上升时间

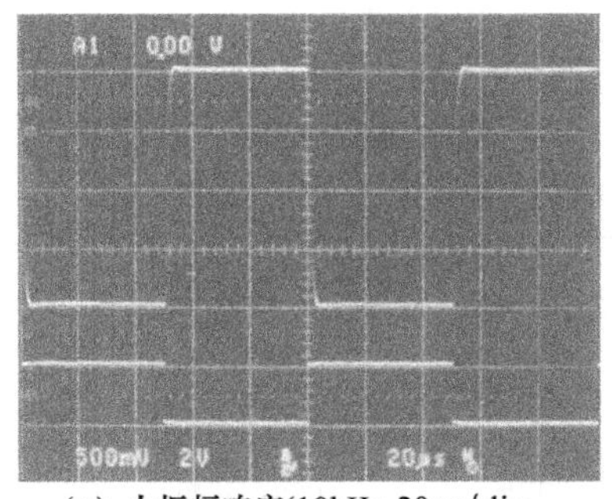

(a) **小振幅响应**(10kHz,20μs/div,
上：输出波形(0.5V/div),
下：输入波形(2V/div))

(b) **大振幅响应**(10kHz,20μs/div,
上：输出波形(5V/div),
下：输入波形(20V/div))

照片 3.3 电流输入放大器的方波响应波形

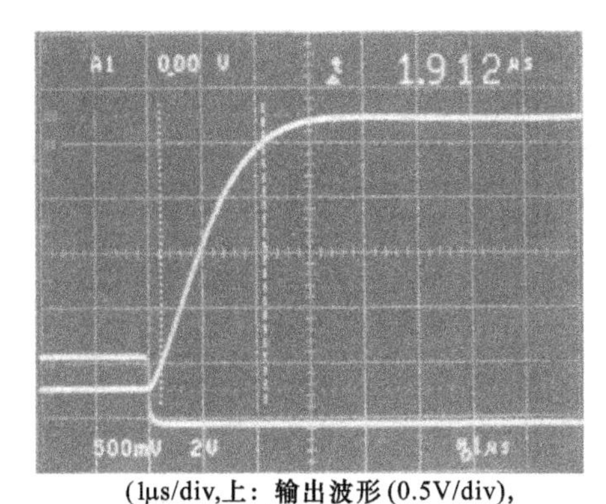

(1μs/div,**上：输出波形**(0.5V/div),
下：输入波形(2V/div))

照片 3.4 电流输入放大器的上升响应波形

3.4 CT 中使用的电流输入放大器

3.4.1 测量用电流互感器(CT)的特性

CT(Current Transformer)是一种应用变换器的电流传感器。变换器通常是指进行电压变换的电压变换器。变换器的输入输出电流与线圈比成反比。因此，如果构成如图 3.21 所示的变换器，可以得到与初级电流成比例的次级电流。而且检出的信号与初级电路绝缘。

在电压变换器的场合，如果次级一侧的负载电阻小，次级电流大，那么电压会因线圈电阻和漏泄电感而降低，得不到正确的电压比。

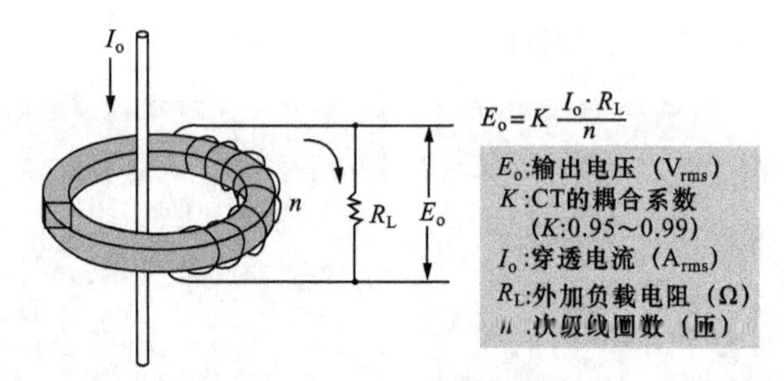

图 3.21 电流互感器 CT 的原理

相反，CT 中如果次级的负载电阻大，发生大的电压时，由于激磁电流比次级电流大，因而得不到正确的电流比。所以使用 CT 时，应减小负载阻抗，使次级侧发生的电压小就能得到正确的电流比。

在 CT 的场合，降低微小电流范围的激磁电感，与次级电流相比，激磁电流所占的比例就会增大。所以变换比低，直线性变差。因此，CT 用的磁心应该是具有良好初始磁导率的坡莫合金，以防止在微小电流范围激磁电感的下降，改善直线性。CT 特性随负载电阻值的变化示于图 3.22。

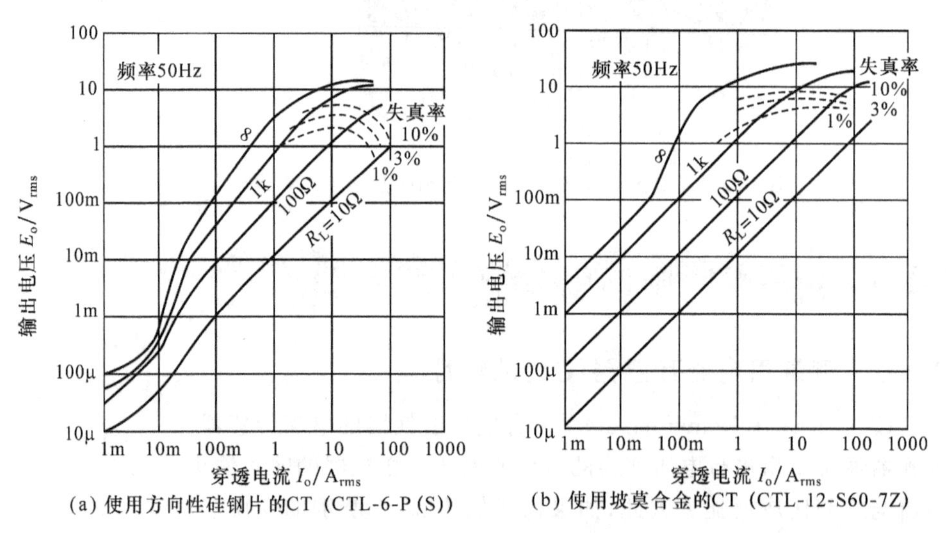

(a) 使用方向性硅钢片的CT (CTL-6-P (S))　　(b) 使用坡莫合金的CT (CTL-12-S60-7Z)

图 3.22 CT 产品的特性例

CT 的种类很多。处理的电流范围从 μA 到 kA。其准确度非常高，从百分之几到 0.1% 以下。使用时应该根据电流值以其准确度的需要选择最适合的电流互感器。

3.4.2 实际的CT用前置放大器

当CT的次级电流在几mA以下时，最合适负反馈电流输入前置放大器。但是在CT的场合，直流状态(输入信号为0时)下基于线圈电阻的输入电阻在几十Ω以下，使负反馈电流输入前置放大器的增益变得非常高，容易产生大的直流失调电压。而且本来就不能用CT处理直流，并不需要直流增益。因此使用CT时也像图3.23所示那样，附加第2章介绍过的超级伺服电路，将输出的直流成分补偿为0，就能得到准确的结果。

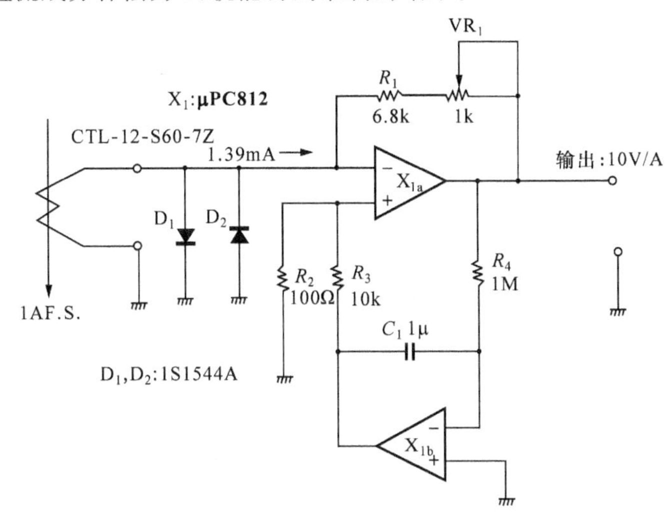

图3.23 测定0～1A的CT用电流输入放大器的构成(输出10V/A)

使用CT的电路中，如果初级注入了过大的电流，那么次级也会按比例发生过大的信号，往往会使电流输入前置放大器中使用的OP放大器受到损害。因此在图3.23中增加了二极管D_1和D_2以防止过大的电压加到OP放大器上。

但是在处理微小电流的场合，需要注意这个二极管的漏电流所带来的误差。所以应该注意选用漏电流小的二极管。图3.24示出小信号用二极管1S1544A和1S1588的漏电流特性。

将面接型FET作为二极管接续时可以减小漏电流。不过流过的电流约达10mA，当信号过大时，有破坏保护用FET的危险。

在CT的次级电流超过OP放大器的输出电流的场合，可使用图3.25(a)所示的简单电路。但是，在希望更正确地确保动态范围的场合，应该使用如图3.25(b)所示的输出缓冲器。

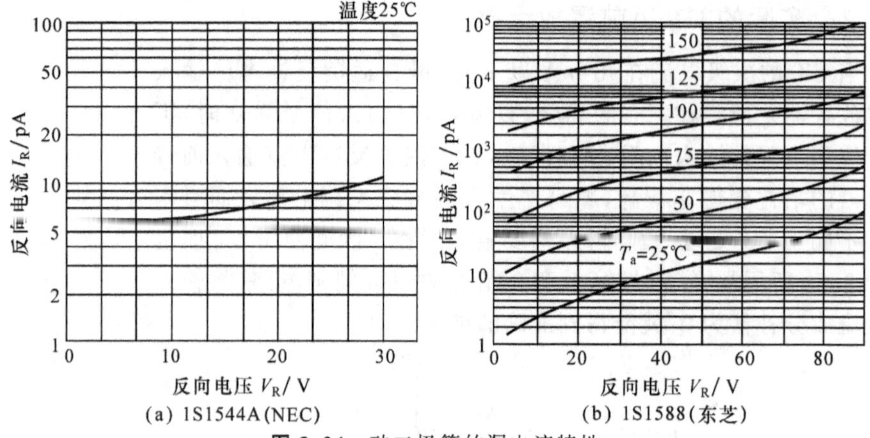

(a) 1S1544A(NEC)　(b) 1S1588(东芝)

图 3.24 硅二极管的漏电流特性

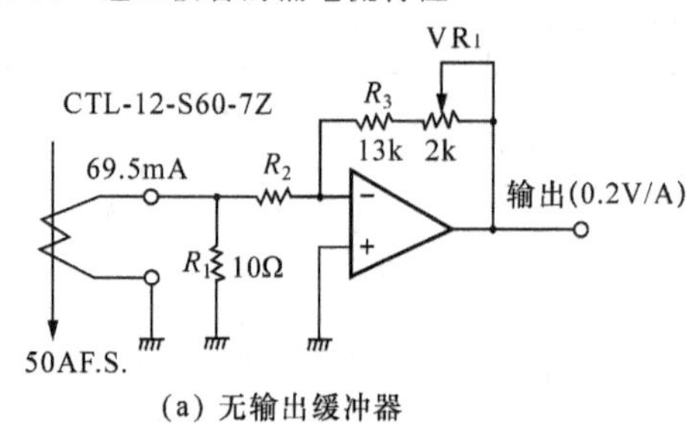

(a) 无输出缓冲器

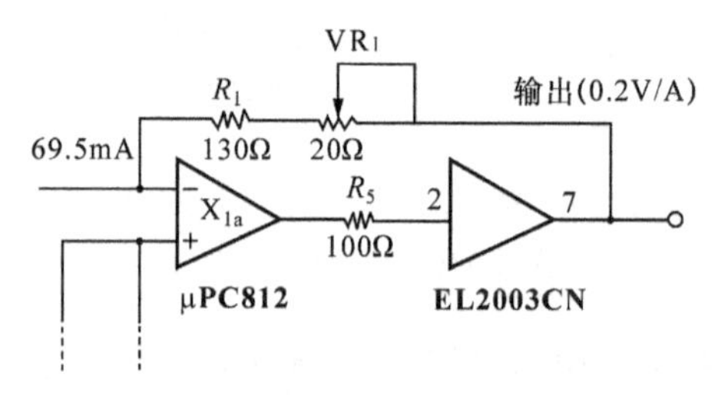

(b) 给图3.23追加缓冲器

图 3.25 CT的次级电流大时的电流输入放大器(输出0.2V/A)

参考文献

[1]『光半導体素子総合カタログ』，浜松ホトニクス㈱
[2]『電流トランスCTカタログ』，㈱ユー・アール・ディー
[3]『1995 OPアンプ・データブック』，ナショナルセミコンダクター・ジャパン㈱
[4]『1996 プロダクト・データブック』，日本バー・ブラウン㈱
[5]『1995 データブック』，アナログ・デバイセズ㈱
[6]『1994 ダイオード・データブック』，NEC
[7]『1994 ダイオード・データブック』，㈱東芝
[8]『イサプラン汎用シャント抵抗カタログ』，日本ヒドラジン工業㈱
[9]『プリント配線材料データブック』，松下電工㈱
[10]『テフロン製クローバ端子カタログ』，扶桑商事㈱
[11]『PCN RESISTORS '94』，㈱ピーシーエヌ

专栏B

印制电路板的绝缘性

在讨论微小电流测定问题的过程中,我们加深了对印制电路板绝缘性能重要性的认识。

印制电路板的绝缘性能分别由材料的绝缘电阻、表面电阻以及体电阻率表征。

① 绝缘电阻。表征基板的绝缘性。按照 JIS C6481,做图 3.A 那样的试验片,测定常态和煮沸处理后的绝缘电阻。

② 表面电阻。是基板上表面电极间的绝缘电阻。按照 JIS C6481,做图 3.B 那样的试验片,测定常态和吸湿处理后的表面电阻。

③ 体电阻率。即在基板体积(厚度)方向上考虑 $1cm^3$ 的立方体,把相对两面间的电阻叫做体电阻率(Ω·cm)。

图 3.C 示出主要基板材料的绝缘电阻和表面电阻,供参考。

测量基板的绝缘性。为了设计铜箔电路,要求基板必须具有一定的绝缘电阻值。按照 JIS 规格 C6481,做成图(a)、图(b)那样的试验片,测定常态(C-96/20/65)和煮沸处理(D-2/100)后的绝缘电阻(Ω)。利用它进行电路间电阻值的测定。

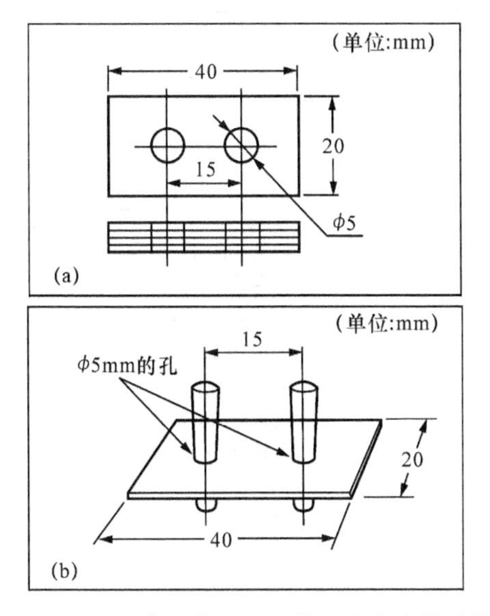

图 3.A* 测定绝缘电阻所使用试验片的形状

基板表面电极间的绝缘电阻叫做表面电阻；考虑基板体积(厚度)方向 $1cm^3$ 的立方体，相对两面间的电阻叫做体电阻率。按照 JIS 规格 C6481，做成下图那样的试验片，测定常态(C-96/20/65)和吸湿处理(C-96/40/90)后的表面电阻(Ω)、体电阻率(Ω·cm)。

$$体电阻率=\frac{体电阻\times 电极面积}{板厚}(\Omega\cdot cm)$$

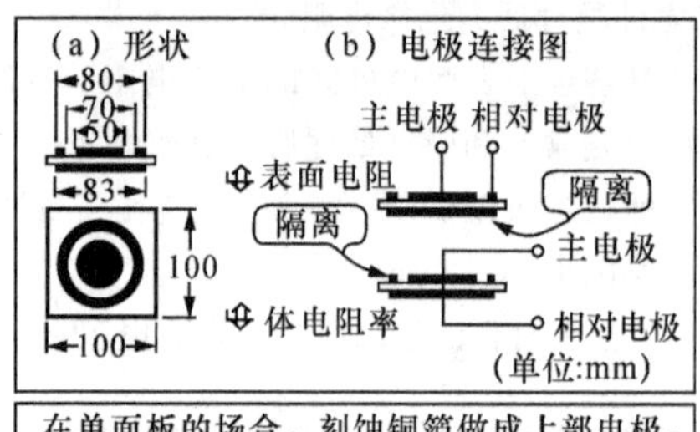

在单面板的场合，刻蚀铜箔做成上部电极，用导电银涂料做成下部电极。

图 3.B* 测定表面电阻/体电阻率所使用试验片的形状

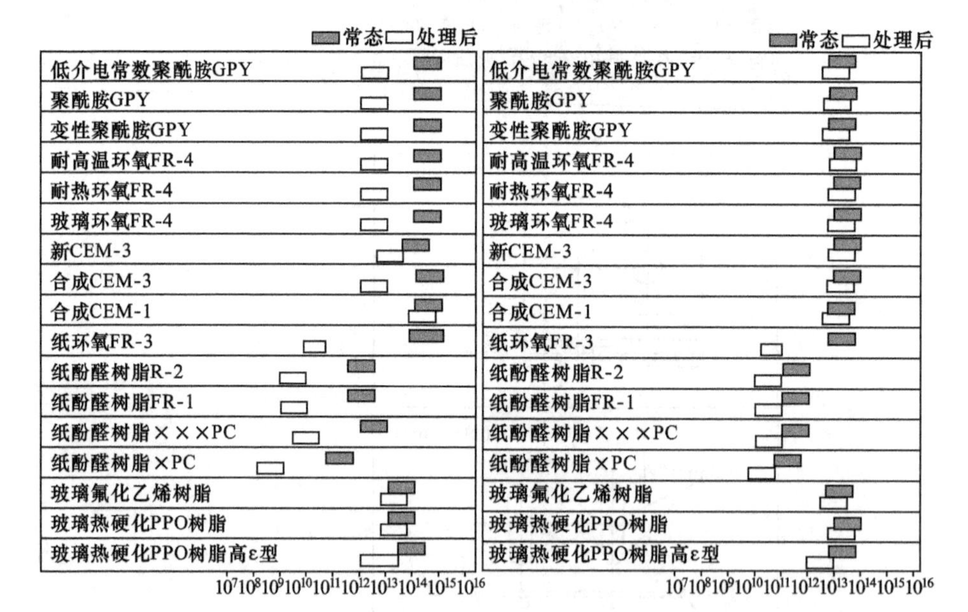

图 3.C* 主要基板材料的绝缘电阻和表面电阻

* :引自松下电工(株)的基板布线材料产品目录

第4章 负反馈电路的解析与电路模拟

在模拟电路中,OP放大器是不可缺少的。使用OP放大器的电路几乎都是在负反馈技术的基础之上形成的。电路模拟技术近年来已经发展成为电路设计的潮流。本章将通过电路模拟介绍负反馈技术,作为负反馈技术的一个要点,还将介绍抑制电路振荡的技术。

4.1 稳定负反馈电路的构成

4.1.1 负反馈电路

前面已经介绍过多种放大器。为了提高放大电路的性能,各电路的共同点就是应用了负反馈技术。

OP放大器的内部电路是以应用负反馈技术为前提进行设计的。所以在用单个OP放大器设计放大器的场合,即使没有特别在意负反馈的稳定性,只要按照OP放大器产品的电路图进行连线,一般来说不会发生什么故障。

但是当把分立元器件与OP放大器组合起来,或者用分立元器件设计放大电路,或者将PLL电路、稳定器等多个电路模块组合起来使用负反馈时,如果没有掌握负反馈技术的基础知识,就不可能获得电路稳定的工作。

图4.1是负反馈的基本形式。被放大电路放大了A倍(通常是很大的值)的输出信号在驱动负载的同时,通过反馈电路($\beta<1$)从输入信号中扣除后成为放大器的输入。其关系式可以表达为

$$(V_i-\beta V_o)\times A=V_o$$

求V_o的解,得到

$$V_o=V_i\times[A/(1+A\beta)] \qquad (4.1)$$

这时如果 $A\beta$ 比 1 大的多(因为实际上 A 是非常大的值),则

$$V_o = V_i \times (A/A\beta) = V_i \times (1/\beta) \quad (4.2)$$

输出 V_o 是 V_i 的 $1/\beta$ 倍。就是说电路的特性只是由反馈电路 β 决定,而与 A 值的大小无关。

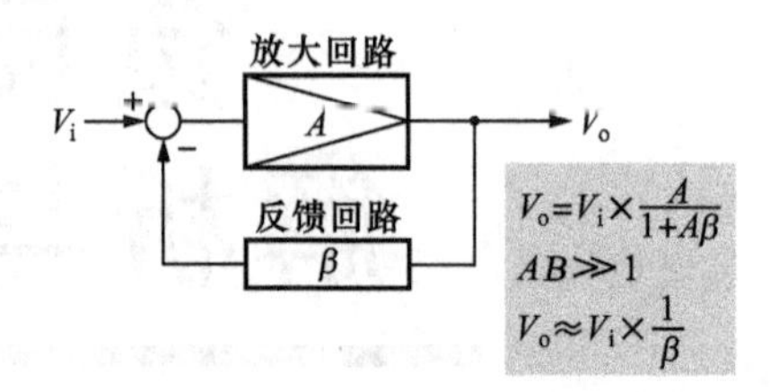

图 4.1 负反馈电路的基本形式

4.1.2 负反馈的优点与缺点

通常放大电路的放大倍数 A 是由晶体管之类的有源器件决定的,环境温度、电源电压以及负载等因素的变化很容易引起特性的变化,而且还含有非线性(失真)要素。

反馈电路 β 是由电阻等无源元件构成的,所以其特性稳定,非线性要素也非常小。使用负反馈时,电路的特性由稳定的反馈电路 β 所决定,所以电路性能在增益稳定、失真小等方面得到飞跃性的提高。

但是,在频率非常高的情况下是不可能获得十分大的放大倍数 A 值的。频率升高时 A 必然减小。这就是说 A 是 $j\omega(\omega=2\pi f)$ 的函数,是个复数。因此在某个频率下,如果 $A\beta=-1$,那么前面式(4.1)的分母就会变为零,输出电压变为无限大,即发生振荡。这是负反馈电路可能发生故障的根源。

4.1.3 开环、闭环及其稳定性

图 4.2 是我们熟知的使用 OP 放大器的非反转放大器,图(a)是基本电路,图(b)是振幅频率特性。图(b)中,曲线 a 是加负反馈之前单个 OP 放大器的特性。直流范围的增益是 A_V,从 f_{p1} 开始增益按斜率 6dB 下降。这种特性叫做开环特性。

如果给具有特性 a 的放大器加上负反馈,就成为曲线 b 的特性。曲线 a 是在很高的频率处增益变为 $1/\beta$ 的,而曲线 b 的这个值发生在低频。b 的这种特性叫做闭环特性。这时,如果从图 4.2(a)的 I 点将电路切断,并像图(c)那样展开,把信号加到 OP 放大器的"+"输入端,那么环一周的增益就等于 $A\beta$,所以把 $A\beta$ 叫做环

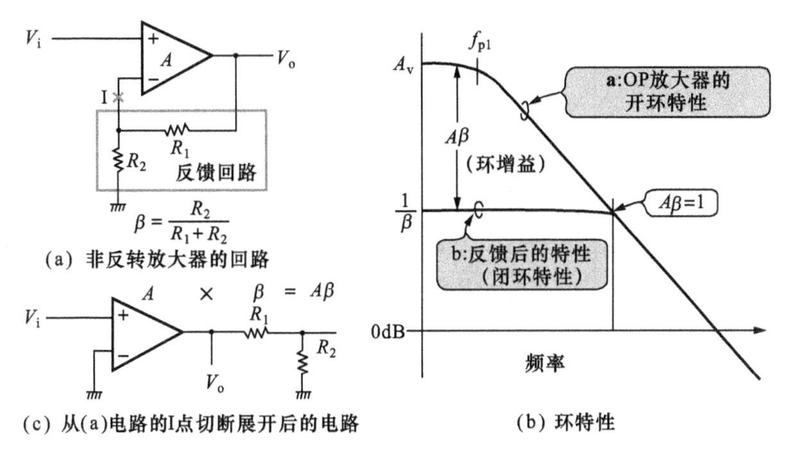

图 4.2 基于 OP 放大器的非反转放大器及其增益特性

增益。

开环中,$A\beta=1$ 的频率处的输入输出相位是决定负反馈稳定性的参数,当相位偏离 180°时,反馈信号反转变为正反馈。这与式(4.1)中的 $A\beta=-1$ 相当,增益变为无限大,就是说处于振荡状态。

$A\beta=1$ 情况下使输入输出相位变化,用图 4.2 电路进行模拟的结果示于图 4.3。当 $R_1=9\text{k}$,$R_2=1\text{k}$ 时,$\beta=1/10$,完成的增益为 20dB。因此,OP 放大器的开环增益为 20dB 时环增益为 1。

三种模拟结果在 100kHz 都得到 20dB 的开环增益。就是说,在 100kHz 处的环增益为 1($A\beta=1$),这时的相位分别为 90°,120°,160°,这样就将 OP 放大器的开环特性模型化。闭环增益的特性是完成负反馈后的增益频率特性,如果相位的余量变小,负反馈后的特性中表现为出现凸峰。

从模拟中可以看出,随着相位滞后接近 180°,增益的凸峰变高,负反馈变得不稳定。

$A\beta=1$ 情况下,与相位滞后 180°对应所具有的余量叫做相位余量。所以图 4.3(a)的相位余量是 90°,图(b)是 60°,图(c)是 20°。像图 4.3 那样将增益与相位的频率特性表示在一起的图叫做伯德图,这个命名源于曾经为建立负反馈理论作出贡献的学者伯德(Bode)。

图 4.4 表示相位余量与负反馈后凸峰大小的关系。

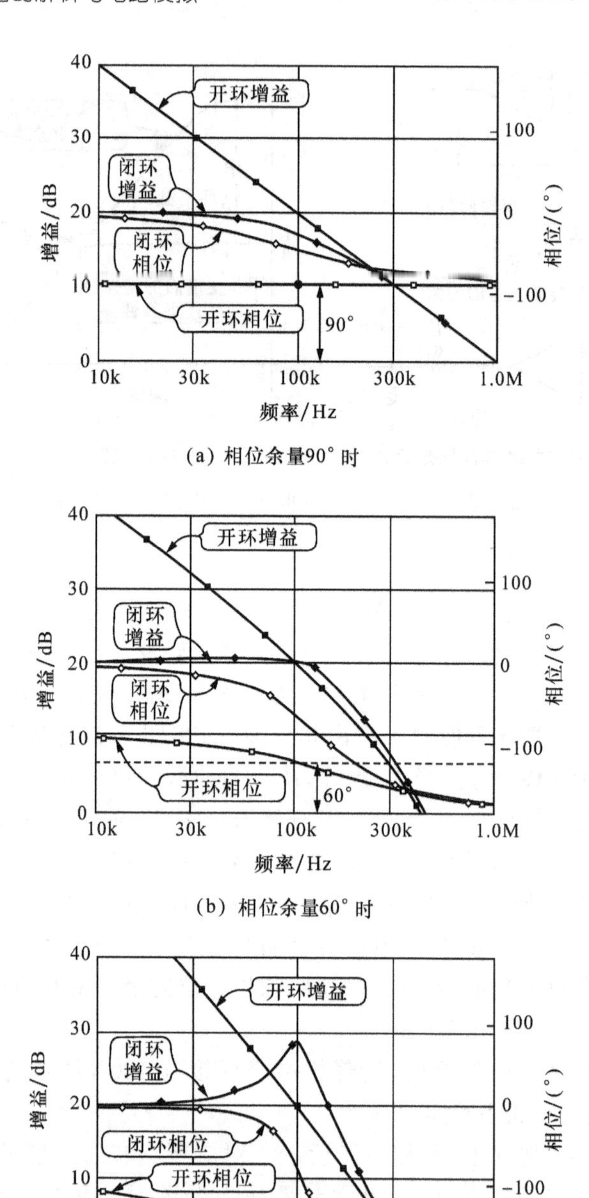

(a) 相位余量90°时

(b) 相位余量60°时

(c) 相位余量20°时

图 4.3 图 4.2 的电路中取 $A\beta=1$ 时频率特性的模拟结果(基于 PSpice)

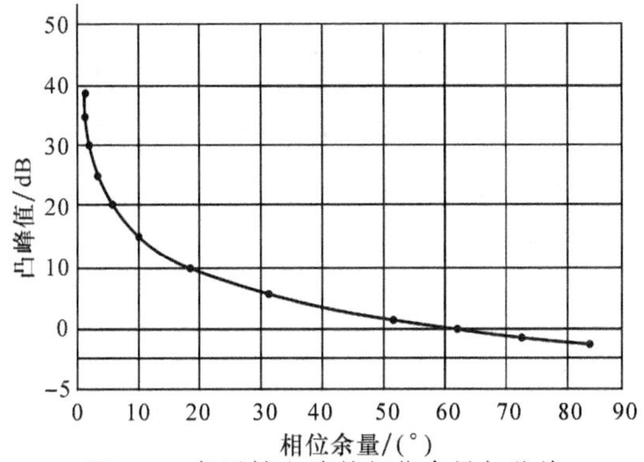

图 4.4 负反馈电路的相位余量与凸峰

4.1.4 稳定的负反馈电路的相位特性

前面说明了负反馈中 $A\beta=1$ 时的相位非常重要。因此，需要讨论决定相位特性的条件。如果能够设计 $A\beta=1$ 时相位余量在 62.5°以上，那么增益特性将不出现凸峰，就能够实现稳定的负反馈。但是，在由 RLC 构成的电路中，振幅特性与相位特性有直接的关系，只要确定振幅或相位中的任一个值，另一个就不能随意地变动(但是采用分布参数电路或负反馈的全通滤波器除外)。

图 4.5 是基于无源元件具有高频截止特性的电路及其相位特性。可以看出，在截止频率处相位滞后 45°，在高频收敛于滞后 90°。

构　成	f_c	A
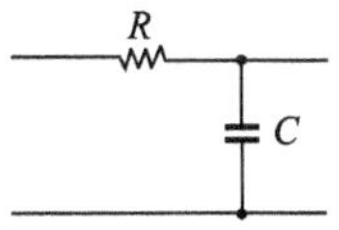 R, C	$\dfrac{1}{2\pi RC}$	1
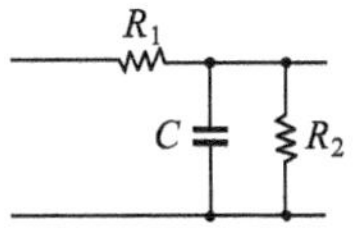 R_1, C, R_2	$\dfrac{1}{2\pi\ \dfrac{R_1R_2}{R_1+R_2}\cdot C}$	$\dfrac{R_2}{R_1+R_2}$
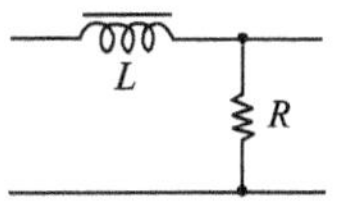 L, R	$\dfrac{R}{2\pi L}$	1

(a) 电路构成与特性

图 4.5 高频截止电路及其相位特性

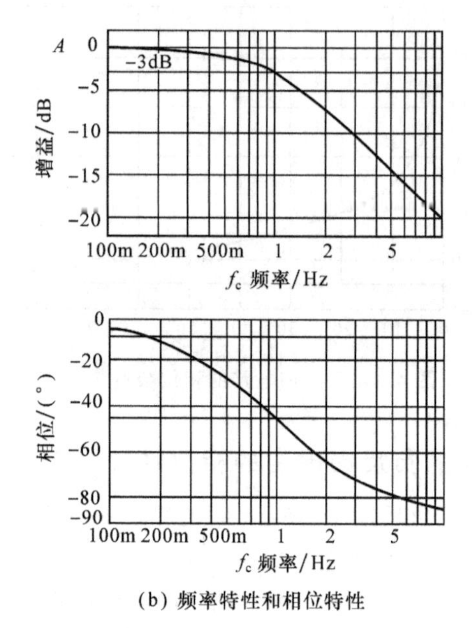

(b) 频率特性和相位特性

图 4.5 高频截止电路及其相位特性(续)

图 4.6 是基于同样的无源元件具有低频截止特性的电路及其相位特性。在截止频率处相位超前 45°,在低收敛于超前 90°。

构　　成	f_C	A
C, R	$\frac{1}{2\pi RC}$	1
R_1, C, R_2	$\frac{1}{2\pi(R_1+R_2)\cdot C}$	$\frac{R_2}{R_1+R_2}$
R, L	$\frac{R}{2\pi L}$	1

(a) 电路构成与特性

图 4.6 低频截止电路及其相位特性

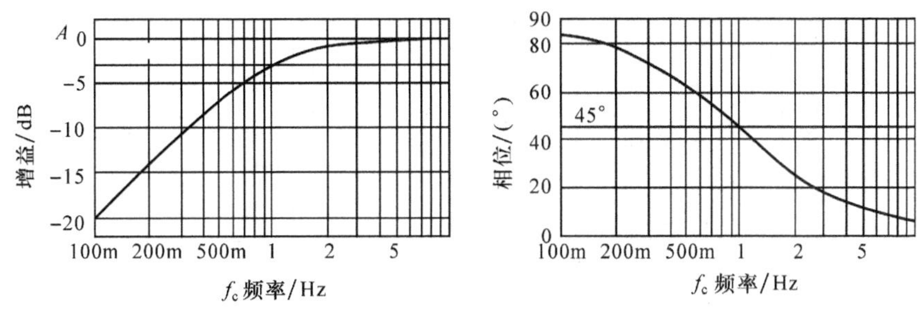

(b) 频率特性和相位特性

图 4.6 低频截止电路及其相位特性(续)

图 4.7 是具有高频截止-跃变特性的电路及其相位特性。图 4.8 是具有低频截止-跃变特性的电路及其相位特性。在振幅特性倾斜的范围,相位在变化;到了平坦范围,相位再次返回 0°。由于倾斜范围的宽度不同,相位变化的幅度也不同。当然倾斜范围愈宽,相位的变化也就愈大。这种跃变特性对于负反馈相位补偿

构　　成	f_1	f_2	A_1	A_2
R_1, R_2, C	$\frac{1}{2\pi(R_1+R_2)\cdot C}$	$\frac{1}{2\pi R_2 C}$	1	$\frac{R_2}{R_1+R_2}$
R_1, R_2, R_3, C	$\frac{R_1+R_2+R_3}{2\pi C(R_1+R_2)R_3}$	$\frac{R_2+R_3}{2\pi C R_2 R_3}$	$\frac{R_2+R_3}{R_1+R_2+R_3}$	$\frac{R_2}{R_1+R_2}$
R_1, R_2, R_3, C	$\frac{1}{2\pi C\left(R_2+\frac{R_1R_3}{R_1+R_3}\right)}$	$\frac{1}{2\pi C R_2}$	$\frac{R_3}{R_1+R_3}$	$\frac{\frac{R_2R_3}{R_2+R_3}}{R_1+\frac{R_2R_3}{R_2+R_3}}$
R_1, C_1, C_2, R_2 $C_1R_1<C_2R_2$	$\frac{R_1+R_2}{2\pi(C_1+C_2)R_1R_2}$	$\frac{1}{2\pi C_1 R_1}$	$\frac{R_2}{R_1+R_2}$	$\frac{C_1}{C_1+C_2}$
R_1, L, R_2	$\frac{R_1R_2}{2\pi L(R_1+R_2)}$	$\frac{1}{2\pi L R_1}$	1	$\frac{R_2}{R_1+R_2}$

(a) 电路构成与特性

图 4.7 高频截止-跃变电路及其相位特性

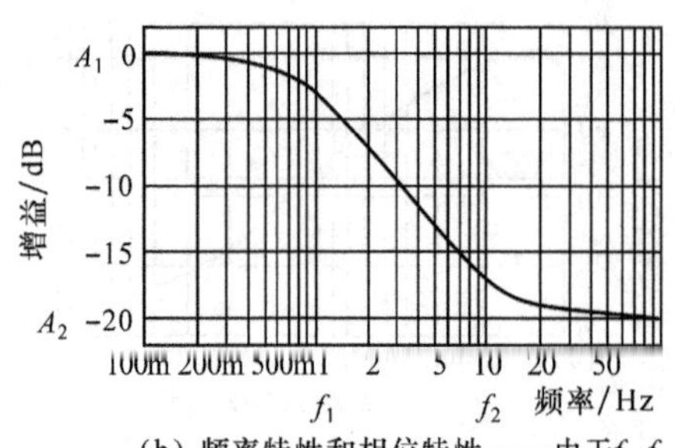

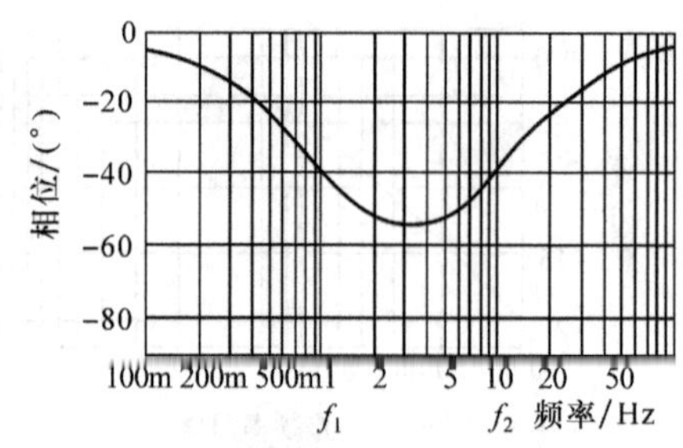

(b) 频率特性和相位特性——由于f_1,f_2,A_1,A_2之比不同，衰减斜率和相位值也不相同。该图是f_1 : f_2=1 : 10时的例子

图 4.7 高频截止-跃变电路及其相位特性(续)

具有重要的作用。

观察图 4.5～图 4.8 的特性，可以发现它们的共同点，这就是当频率提高时振幅以负的斜率衰减，则相位滞后。相反当频率提高时振幅以正的斜率增大，则相位超前。而在特性平坦的范围相

构　　成	f_1	f_2	A_1	A_2
C, R_1, R_2	$\frac{1}{2\pi CR_1}$	$\frac{R_1+R_2}{2\pi CR_1R_2}$	$\frac{R_2}{R_1+R_2}$	1
C, R_1, R_2, R_3	$\frac{1}{2\pi CR_1}$	$\frac{R_1+R_2+R_3}{2\pi CR_1(R_2+R_3)}$	$\frac{R_3}{R_1+R_2+R_3}$	$\frac{R_3}{R_2+R_3}$
R_1, C, R_2, R_3	$\frac{1}{2\pi C(R_1+R_2)}$	$\frac{1}{2\pi C\left(R_1+\frac{R_2R_3}{R_2+R_3}\right)}$	$\frac{R_3}{R_2+R_3}$	$\frac{R_3}{\frac{R_1R_2}{R_1+R_2}+R_3}$
R_1, C_1, C_2, R_2 $C_1R_1 > C_2R_2$	$\frac{1}{2\pi C_1R_1}$	$\frac{R_1+R_2}{2\pi(C_1+C_2)R_1R_2}$	$\frac{R_2}{R_1+R_2}$	$\frac{C_1}{C_1+C_2}$
R_1, R_2, L	$\frac{R_2}{2\pi L}$	$\frac{R_1+R_2}{2\pi L}$	$\frac{R_2}{R_1+R_2}$	1

(a) 电路构成与特性

图 4.8 低频截止-跃变电路及其相位特性

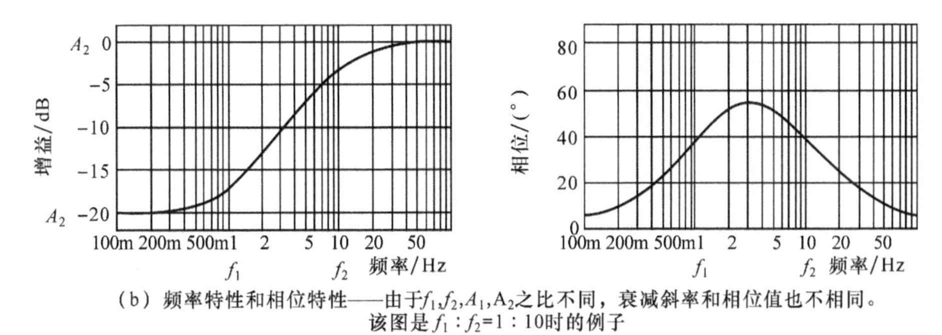

(b) 频率特性和相位特性——由于f_1,f_2,A_1,A_2之比不同，衰减斜率和相位值也不相同。该图是$f_1:f_2$=1：10时的例子

图 4.8 低频截止-跃变电路及其相位特性(续)

位趋向 0°。另外,在由电容器或电感器与电阻构成,而且只有一个超前要素或滞后要素的电路中,最大相位变化是 90°。

4.1.5 实际的 OP 放大器中分布有多个电容器

前面指出,在只含有一个电容器的电路中最大的相位滞后是 90°。因此,放大电路在只有一个电容器滞后要素的场合,负反馈不存在不稳定的问题。

但是,构成 OP 放大器的晶体管等有源器件内部必然含有电容成分,所以实际的电路中也必定含有多个电容。而且还含有布线构成的电容、放大器的负载电容等,所以实际的放大电路中不可能只有一个滞后要素。因此在使用负反馈 OP 放大器之类的放大电路中,往往构成只有一个特别低的时间常数(Dominant Pole or First Pole)的电路,而尽量提高其他时间常数(Second Pole, Third Pole),从而形成实质上只有一个滞后要素在起作用的情况。

4.1.6 含有两个滞后要素的情况

图 4.9 是给 A_1,A_2,A_3 三个理想放大器加上由 R、C 构成的具有两个滞后要素的负反馈电路的结构及其传输特性表达式。图 4.10 是改变图 4.9 中参数时的振幅-相位特性。可以看出,ξ(衰减因子)愈小凸峰愈大,愈不稳定。

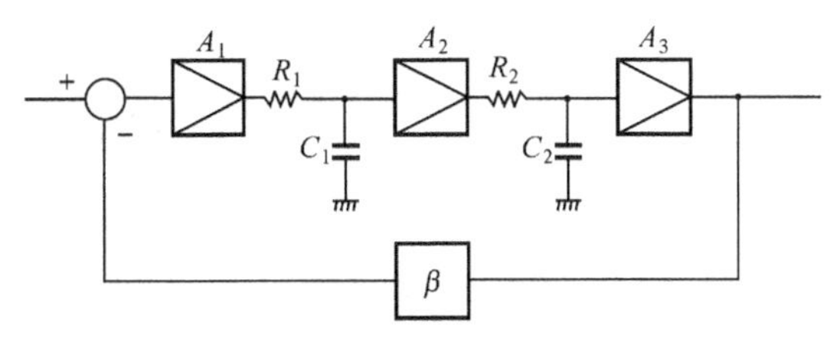

图 4.9 具有两个滞后要素的负反馈电路的传输特性

求环增益 G

$$G=A_1A_2A_3\beta\frac{1}{1+j\omega R_1C_1}\cdot\frac{1}{1+j\omega R_2C_2}$$

$$=\frac{A\beta}{(1+j\omega R_1C_1)(1+j\omega R_2C_2)}\quad (A=A_1A_2A_3)$$

闭环特性 A_c

$$A_c=\frac{1}{\beta}\cdot\frac{1}{1+G}=\frac{1}{\beta}\frac{\frac{A\beta}{(1+j\omega R_1C_1)(1+j\omega R_2C_2)}}{1+\frac{A\beta}{(1+j\omega R_1C_1)(1+j\omega R_2C_2)}}$$

$$=\frac{A}{1+A\beta+j\omega(R_1C_1+R_2C_2)-\omega^2R_1R_2C_1C_2}$$

$$=\frac{A}{1+A\beta}\cdot\frac{1}{1+j\omega\frac{R_1C_1+R_2C_2}{1+A\beta}-\omega^2\frac{R_1R_2C_1C_2}{1+A\beta}}$$

设 $T_2=\frac{R_1R_2C_1C_2}{1+A\beta}$

$$A_c=\frac{A}{1+A\beta}\cdot\frac{1}{1+j\omega\frac{R_1C_1+R_2C_2}{\sqrt{1+A\beta}\sqrt{R_1C_1R_2C_2}}T-\omega^2-T^2}$$

$$=\frac{A}{1+A\beta}\cdot\frac{1}{1+j\omega^2\xi T-\omega^2T^2}$$

$$\xi=\frac{1}{2\sqrt{1+A\beta}}\cdot\frac{R_1C_1+R_2C_2}{\sqrt{R_1R_2C_1C_2}}$$

$$=\frac{1}{2\sqrt{1+A\beta}}\cdot\left(\sqrt{\frac{R_1C_1}{R_2C_2}}+\sqrt{\frac{R_2C_2}{R_1C_1}}\right)\quad\cdots\cdots\cdots\cdots\quad(4.3)$$

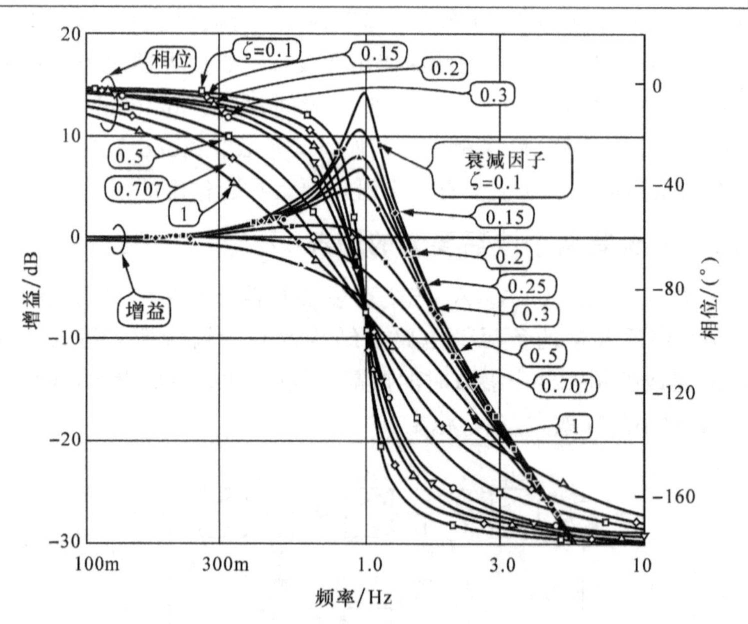

图 4.10 具有两个滞后要素的负反馈电路的特性:振幅-相位-频率的模拟结果(基于 PSpice)

但是，由于这两个滞后要素导致只是滞后接近 180°，而不是滞后 180°，所以理论上不发生振荡。但是实际上，电路的其他部分存在小的时间常数，加上微小的相位滞后，振荡就发生了。

从图 4.9 中的式(4.3)可以看出，为了提高 ξ，可以减小 $A\beta$ 即减少反馈量，或者增大两个滞后要素的时间常数值之比。但是，负反馈是为了改善放大器的特性，所以应该避免减小反馈量。因此，为了能够实现反馈量的目标值，同时振幅特性中又不发生凸峰，就必须确保满足 $\xi > 1/\sqrt{2} = 0.707$ 的时间常数之比。

顺便指出，存在两个滞后要素的场合，大约是反馈量 2 倍的时间常数比是必要的。这时的时间常数比叫做交错比。就是说“负反馈中交错比为反馈量的 2 倍是必要的”。

基于以上理由，设计时通常取 OP 放大器中最低的时间常数从几 Hz 到几十 Hz，令其他时间常数取增益为 1 的频率以上，使得在加大负反馈的情况下仍然能够稳定地工作。

4.1.7 具体的模拟例

图 4.11 的电路中有 3 个增益各为 20dB，总增益为 60dB 的理想放大器，以及 C_1R_1，C_2R_2 两个滞后要素。拟设计给这个电路施加负反馈，以得到增益 10 倍、40dB 的反馈量。假定这时 C_2R_2 时间常数不能高于 10kHz，但是可以调整 C_1R_1 时间常数。

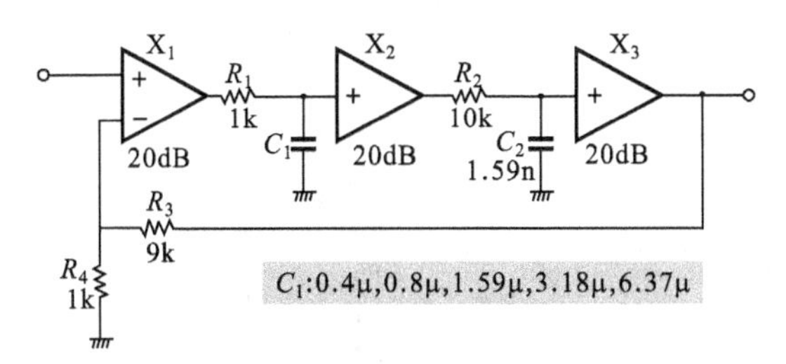

图 4.11 具有两个滞后要素的 60dB 放大器的构成

因为反馈量是 40dB，所以两个时间常数之比必须在 200 倍以上。因此 C_1R_1 的时间常数取为 50Hz，如果 $R_1 = 1\text{k}\Omega$，那么 $C_1 = 3.18\mu\text{F}$。

C_1 是可变的，模拟的结果示于图 4.12，图(a)是开环特性，图(b)是闭环特性。与理论一致，当 $C_1 = 3.18\mu\text{F}$ 时，增益特性没有出现凸峰，得到稳定的特性。

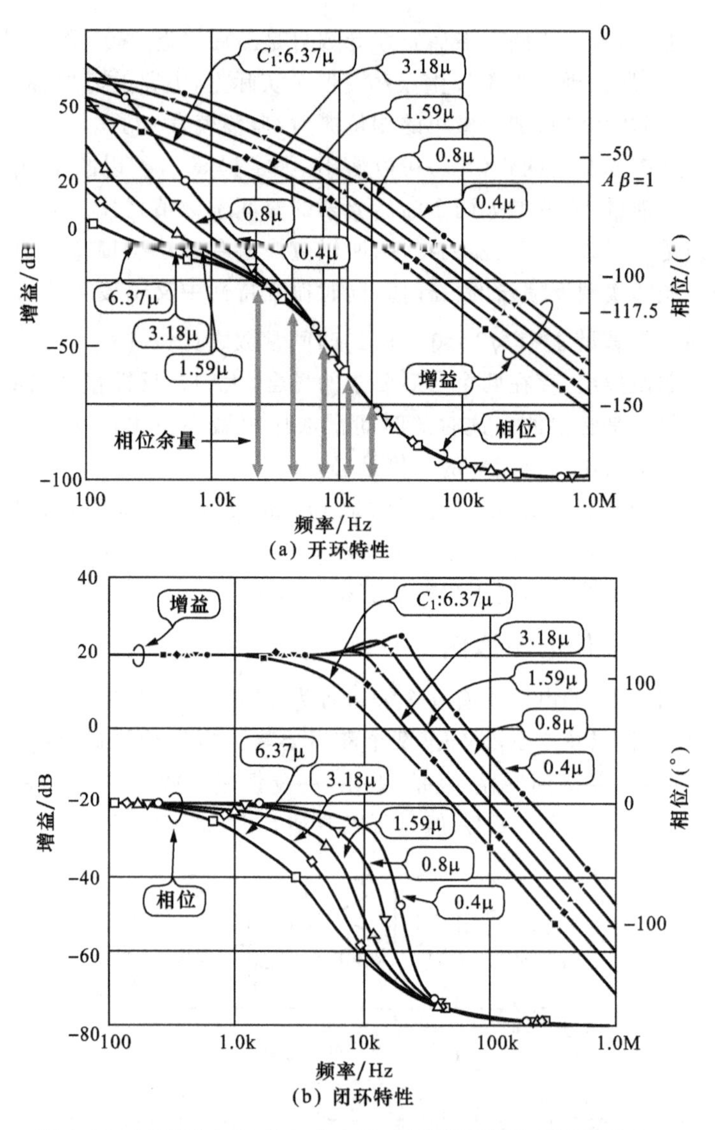

图 4.12 改变图 4.11 的电路中 C_1 时的频率特性(基于 PSpice)

4.1.8 为了减小高频特性的牺牲,合成两个时间常数

图 4.11 的例中,增大 C_1R_1 的值,实现了稳定的负反馈。但是这种方法牺牲了太多的高频范围的增益。既能比较少的牺牲高频增益又能实现宽带频率特性的方法是利用跃变响应的稳定性负反馈。

图 4.7 所示的高频截止-跃变响应中,由于增益特性在高频范围变得平坦了,所以使一度滞后的相位在高频范围再次返回。如

果使部分 C_1R_1 实现这种特性，就能够在高频范围使接近 180°的相位滞后再次返回。

利用这种方法对图 4.13 电路进行模拟，其结果示于图 4.14，图(a)是开环特性，图(b)是闭环特性。当 f_{p1}：1kHz，f_{p2}：10kHz时为最佳，这个结果是理所当然的。这时如果合成总的开环特性，就成为具有 1kHz 一个滞后要素的形式，即就是图 4.15 所示的特性。

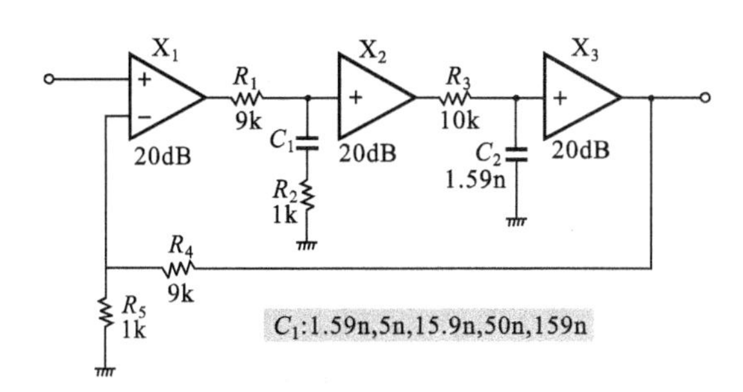

图 4.13 具有两个滞后要素的 60dB 的放大器——利用跃变响应

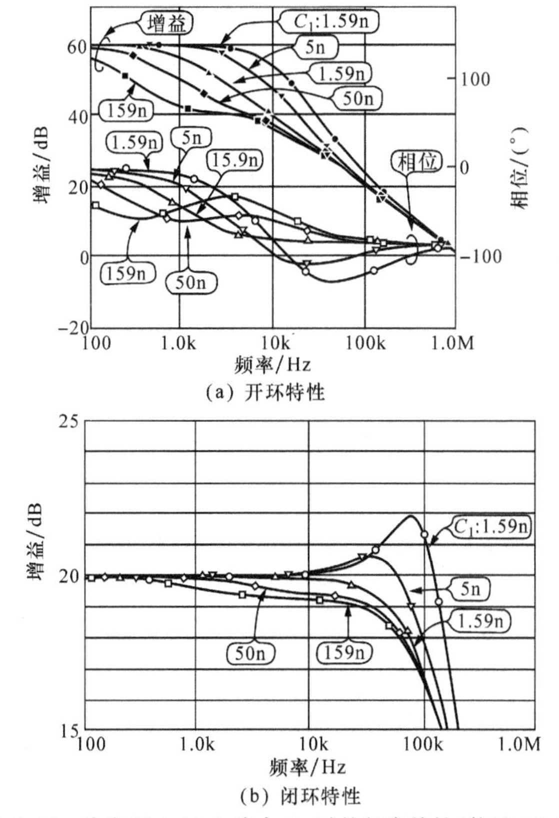

图 4.14 改变图 4.13 电路中 C_1 时的频率特性(使用 PSpice)

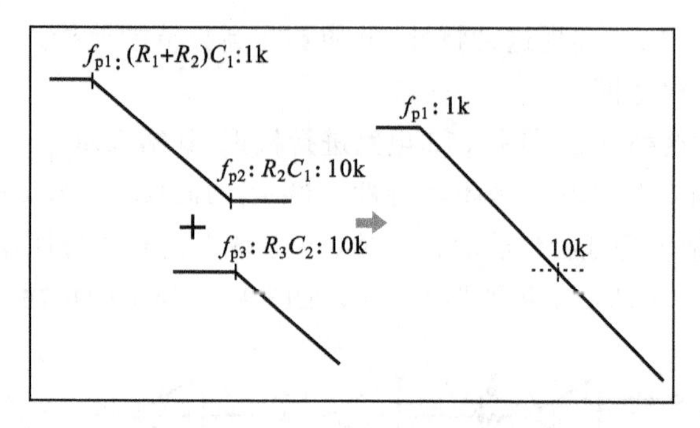

图 4.15 图 4.13 电路时间常数的合成

如果以这种跃变的形式补偿时间常数，就能够在减少牺牲高频特性的情况下实现稳定而且频带宽的负反馈放大器。

顺便指出，图 4.13 与图 4.11 相比，频率特性改善了 10 倍，反馈量也增加了 10 倍。所以，失真特性、增益稳定性以及反馈量都得到了改善。

4.1.9 大反馈量下实现稳定的负反馈

负反馈电路中，$A\beta=1$ 的相位余量是决定稳定度的要素。所以，如图 4.16 所示，如果衰减特性在 $A\beta$ 大于 1 的状态取 12dB/oct，而在 $A\beta=1$ 附近取 6dB/oct，就可以实现稳定的负反馈。

图 4.16 中增益 A 值变化时的模拟结果示于图 4.17，A 值与增益频率特性中凸峰的关系示于图 4.18。

可以看出即使有两个以上的滞后要素，如果能够补偿 $A\beta=1$ 附近的相位，就能够在大反馈量下获得稳定的特性。

负反馈中，乍一看似乎反馈量愈大愈不稳定。不过仔细分析相位的调整情况发现，即使反馈量大也是能够实现稳定的负反馈的。

使用这种方法，将分立元器件构成的功率放大器与输入特性优良的 OP 放大器组合，通过施加负反馈，也能够实现输出阻抗非

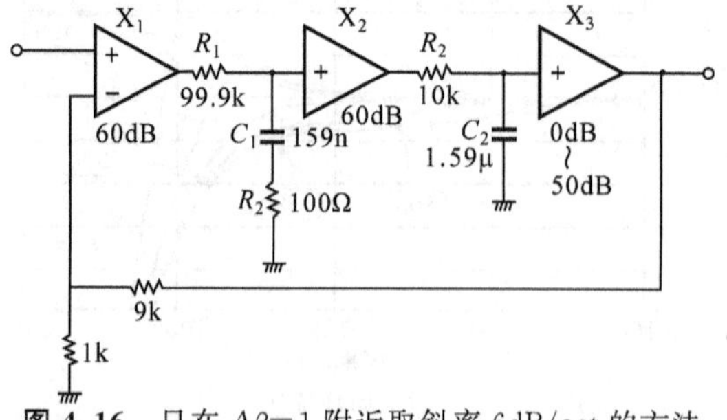

图 4.16 只在 $A\beta=1$ 附近取斜率 6dB/oct 的方法

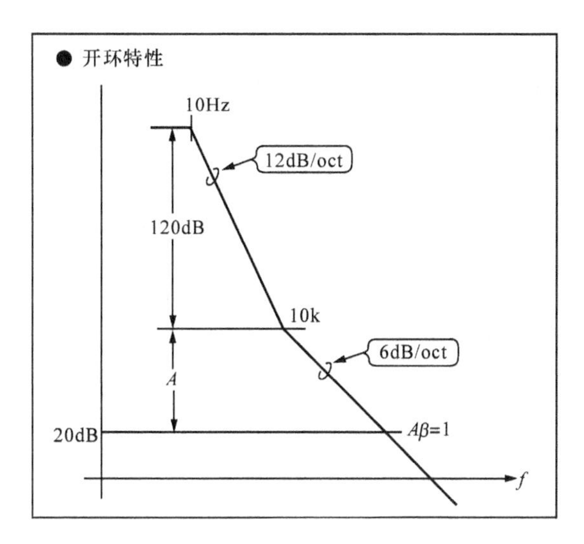

图 4.16 只在 $A\beta=1$ 附近取斜率 6dB/oct 的方法(续)

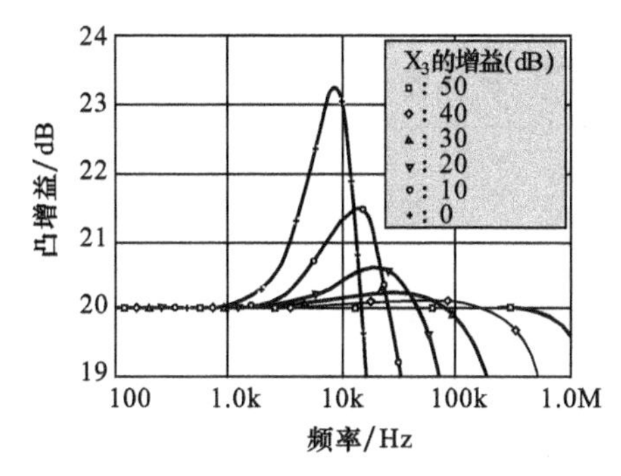

图 4.17 改变图 4.16 电路中 X_3 的增益时的频率特性(基于 PSpice)

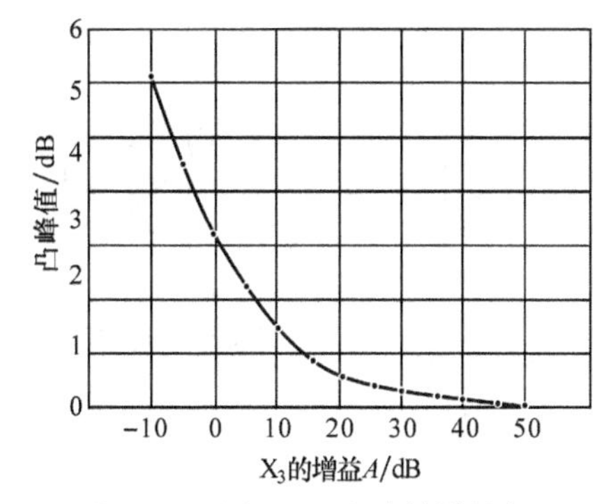

图 4.18 图 4.16 电路的增益与凸峰的关系(基于 PSpice)

常低、失真少、性能优良的功率放大器。

4.1.10 给 β(反馈)电路追加相位超前补偿

在许多放大器中,如果有少许不满足“负反馈中交错比必须是反馈量的 2 倍”,增益频率特性往往会发生凸峰。这种情况下,为了补偿相位的滞后,经常采用的方法就是追加电容器使 β 电路的相位向前移动。

图 4.19 的电路由三个理想放大器以及具有 f_{p1}:1MHz,f_{p2}:10kHz两个滞后要素的电路构成,反馈量为 40dB。为了不发生凸峰,要求有 200 倍的交错比,但是只取了 100 倍。于是通过追加了 C_3 使 β 电路获得图 4.8 所示的低频截止跃变特性,补偿 $A\beta=1$ 处频率的相位滞后,确保了相位余量。

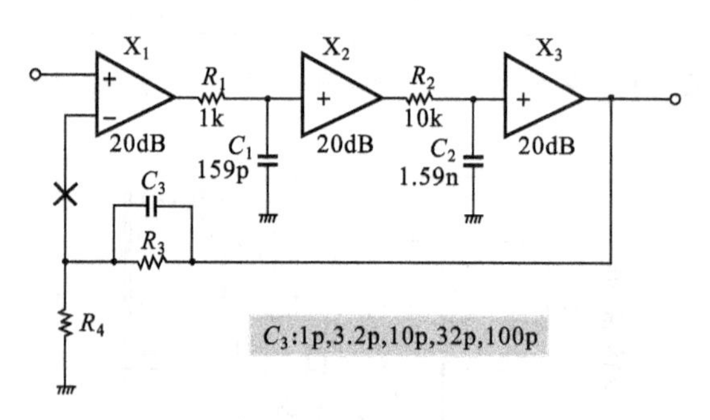

图 4.19 具有两个滞后要素的 60dB 放大器——追加相位前移的电路

由于对 β 电路进行了补偿,无法在开环输入输出特性中判断相位余量。在这种场合,模拟图 4.19 中放大器从 X_1 的“+”输入到 R_4 的 $A\beta$ 特性,其结果示于图 4.20。判断相位余量的点是0dB。

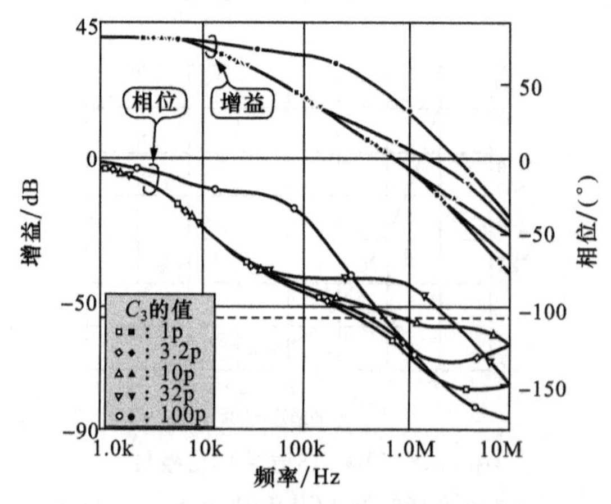

图 4.20 改变图 4.19 电路中 C_3 时的开环频率特性(基于 PSpice)

从模拟结果可见 $C_3=10\text{pF}$ 时的衰减特性更接近 6dB/oct，0dB 的频率是 846.547kHz，相位是 −106.7°（相位余量 73.3°）。如图 4.21 所示，即使闭环输入输出特性，当 $C_3=10\text{pF}$ 时也获得了最平坦的宽带特性。

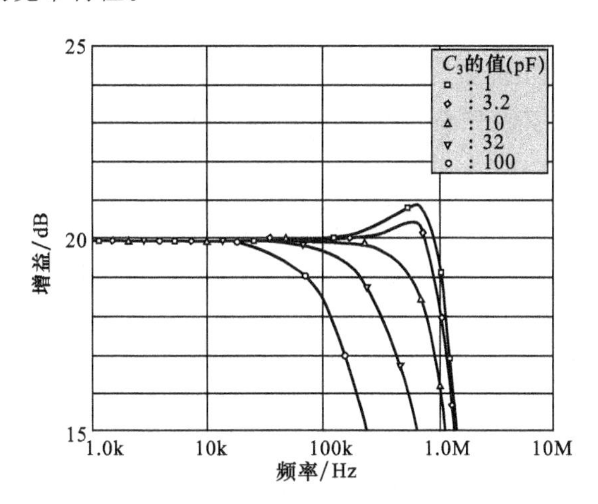

图 4.21 改变图 4.19 电路中 C_3 时的闭环特性（基于 PSpice）

4.2 电容性负载对 OP 放大器的影响

4.2.1 OP 放大器接电容性负载

往往单个使用的 OP 放大器在工作时是正常的，但是在电路系统中工作时有时会发生振荡。究其原因，发现问题经常出在输出电缆的电容上。这里通过电路模拟和实验数据来说明 OP 放大器电容性负载的影响及其应采取的措施。

如图 4.22 所示给 OP 放大器加电容负载。这时 OP 放大器的输出电阻与电容负载就构成了一阶低通滤波器，它包含于负反馈环路之中。

正如前面所说明的那样，$A\beta=1$ 频率处的相位滞后导致频率

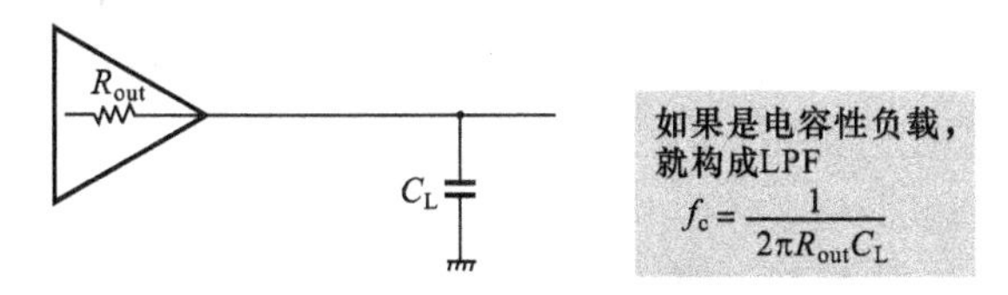

图 4.22 OP 放大器的输出端接负载电容

特性发生凸峰，进一步会产生振荡。这就是说输出电阻与电容负载构成的低通滤波器也会带来同样的影响，即由于电容性负载，使增益频率特性产生凸峰，进而发生振荡。所以抗电容性负载放大器的条件就是增大相位余量，减小输出电阻。

为了探讨电容性负载对OP放大器的影响，需要明确设定相位余量、输出阻抗和负载电容这三个参数。困难在于几乎所有OP放大器的参数表中都没有给出相位余量和高频输出电阻的额定值。

4.2.2 测量OP放大器的输出阻抗

往往看不到OP放大器开环状态下的输出阻抗，所以需要进行实际的测量。

测量OP放大器的输出阻抗时有两种方法，一种如图4.23(a)所示，通过无负载和加电阻负载时输出电压的变化进行计算；另一种如图4.23(b)所示，通过给输出注入电流产生电压降，求输出阻抗。通常采用图(a)的方法，不过在求输出阻抗的频率特性时数据处理比较复杂。如果能够使用频率分析器，那么采用图(b)的方法就可以直接得到输出阻抗的频率特性。

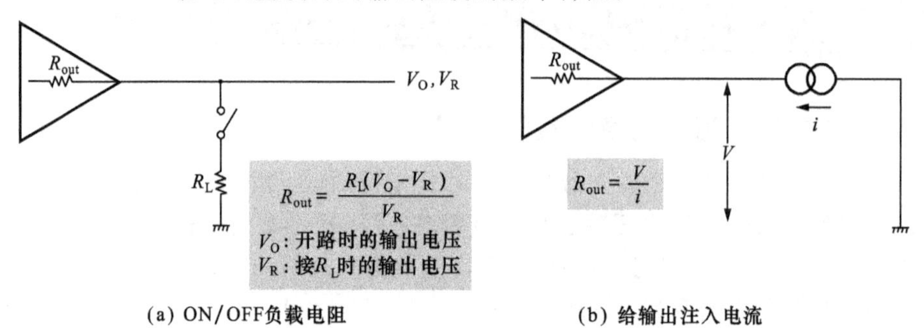

图4.23 测量OP放大器的输出阻抗

图4.24是测定输出阻抗时的电路框图。使用的测量仪器FRA5080(参看专栏C)能够测量CH_1和CH_2之间的增益和相位，信号输入-输出两个通道是分别被浮置的，所以可以自由地接续。另外，如果OP放大器是开环的，输出会因直流失调电压而饱和，所以要给DUT(被测定物——OP放大器)的输出附加控制电路使直流为0V。

图4.25是测定结果。0dB是100Ω，所以－20dB是10Ω，20dB是1kΩ。把测定值换算为Ω。

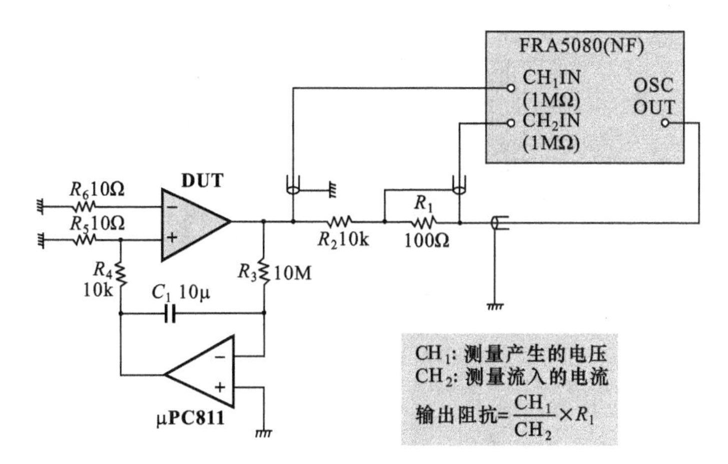

图 4.24 测定 OP 放大器的开环输出阻抗

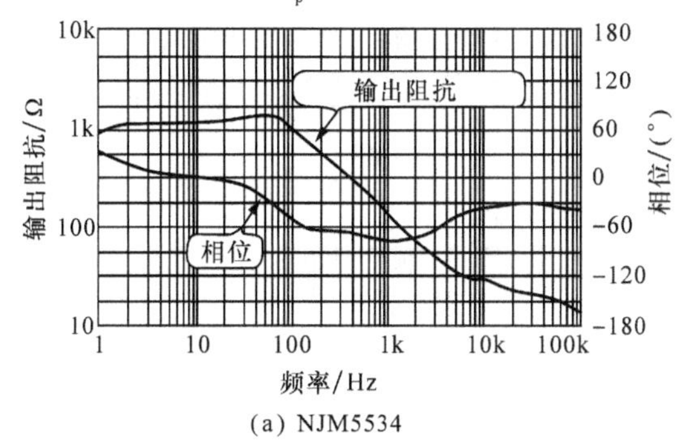

(a) NJM5534

CH-1/CH-2 OSC=10.0V_p

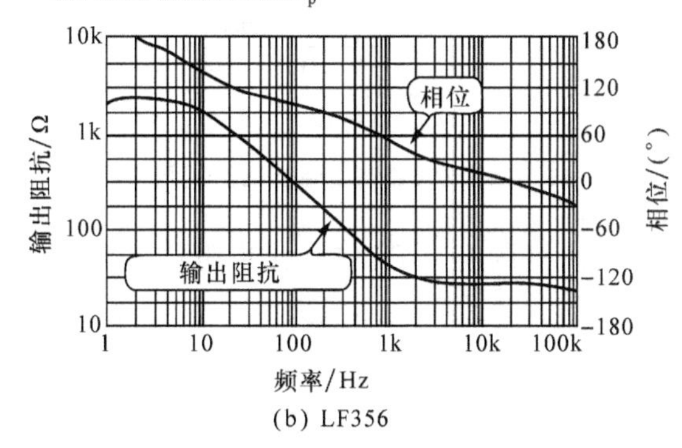

(b) LF356

图 4.25 OP 放大器输出阻抗的测定结果

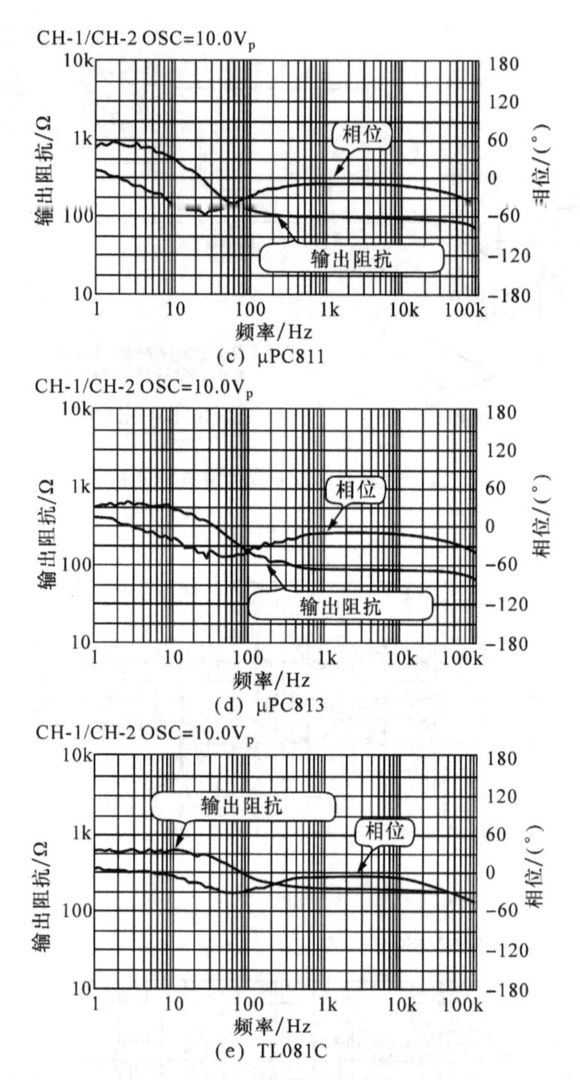

图 4.25 OP放大器输出阻抗的测定结果(续)

一般来说放大器的频率升高时,输出阻抗也增大。由于时间常数的影响,OP放大器内部电压放大级的输出阻抗与开环增益成比例,在低频范围为高阻抗。所以,如果考虑到在输出级电流放大阻抗的降低,那么在低频范围阻抗提高的现象是可以理解的。

示于图4.25(a)的NJM5534的特性变得复杂。将结果粗略地归纳如表4.1所示。

表 4.1

	低频范围的输出阻抗	高频范围的输出阻抗
NJM5534	1.3kΩ	20Ω
LF356	2kΩ	30Ω
μPC811	800Ω	100Ω
μPC813	560Ω	85Ω
TL081	560Ω	210Ω

4.2.3 由厂商提供的宏模型模拟输出阻抗

下面使用 OP 放大器厂商提供的电路模拟器 PSpice 用宏模型来模拟输出阻抗。图 4.26 是使用 TI 社发表的 NJM5534 的初级产品 NE5534 的宏模型，用电流注入法求输出阻抗的表。

```
*   NE5534 Output Impedance (TI Macro Model)
*           Cc: 6P, 20P
*
.AC  DEC  20  1  10MEG
.PROBE V(1) I(IIN)
*
IIN  1  0  AC  1M
*
X1    0  0  11  12  1  2  3  NE5534        ←为了求输出阻抗而追加的部分
CC    2  3                   CMOD 1p
VCC   11 0                   15V
VEE   12 0                   -15V
*
.MODEL CMOD CAP( )
.STEP CAP CMOD (C) LIST 6  20
*
* * NE5534 operational amplifier "macromodel" subcircuit
* created using Parts release 4.01 on 08/08/91 at 12:41
* (REV N/A)
* connections:  non-inverting input
*               |  inverting input
*               |  | positive power supply
*               |  |  |  negative power supply
*               |  |  |  |  output
*               |  |  |  |  |  compensation
*               |  |  |  |  |  /  \
.subckt NE5534  1  2  3  4  5  6  7
*
  c1    11  12  7.703E-12
  dc     5  53  dx
  de    54   5  dx
  dlp   90  91  dx
  dln   92  90  dx
  dp     4   3  dx
  egnd  99   0  poly(2) (3,0) (4,0) 0 .5 .5
  fd     7  99  poly(5) vb vc ve vlp vln 0 2.893E6 -3E6 3E6 3E6 -3E6
  ga     6   0  11 12 1.382E-3
  gcm    0   6  10 99 13.82e-9
  iee   10   4  dc 133.0E-6
  hlim  90   0  vlim 1K
  q1    11   2  13 qx
  q2    12   1  12 1 14 qx
  r2     6   9  100.0E3
  rc1    3  11  723.3
  rc2    3  12  723.3
  re1   13  10  329
  re2   14  10  329
```

```
  ree  10  99  1.504E6
  ro1   8   8  50
  ro2   7  99  25
  rp    3   4  7.757E3
  vb    9   0  0 dc 0
  vc    3  53  dc 2.700
  ve   54   4  dc 2.700
  vlim  7   8  dc 0
  vlp  91   0  dc 38
  vln   0  92  dc 38
.model dx  D(Is = 800.0E-18)
.model qx  NPN(Is = 800.0E-18 Bf = 132)
.ends
*
.END
```

图 4.26 TI 社发表的 OP 放大器的 PSpice 用宏模型(NE5534)

电流注入法是将电流注入到 OP 放大器的输出，如图 4.23(b)所示，由产生的电压求得输出阻抗的方法。

模拟的结果示于图 4.27。根据相位补偿电容器的值(模拟的 C_c=6pF的情况相当于没有相位补偿电容器)，描出不同的曲线。在低频范围都是 75Ω，高频范围为 50Ω，开环下高频范围的输出阻抗仍然是下降的。

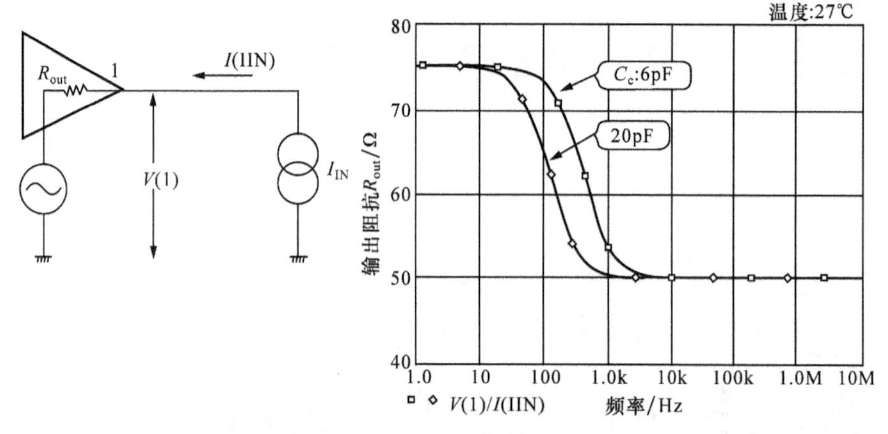

图 4.27 模拟求得的输出阻抗(基于 PSpice)

4.2.4 电容性负载特性的模拟

由图 4.27 的测定结果来决定模型化的输出阻抗。因为在这里的目的是解析高频范围的凸峰，所以需要设定高频范围的输出电阻值。开环的频率特性采用以前的实验结果，如图 4.28 所示。

图 4.29 是 NJM5534 的电容性负载特性的模拟结果。由于相位余量少所以容易出现凸峰，在 1000pF 是 9.4dB，在 3000pF 为 23.6dB 的凸峰。因此，将 NJM5534 用于增益 20dB 的非反转放大

器时，对于 1000pF 以上的电容性负载，采取一些措施是必要的。

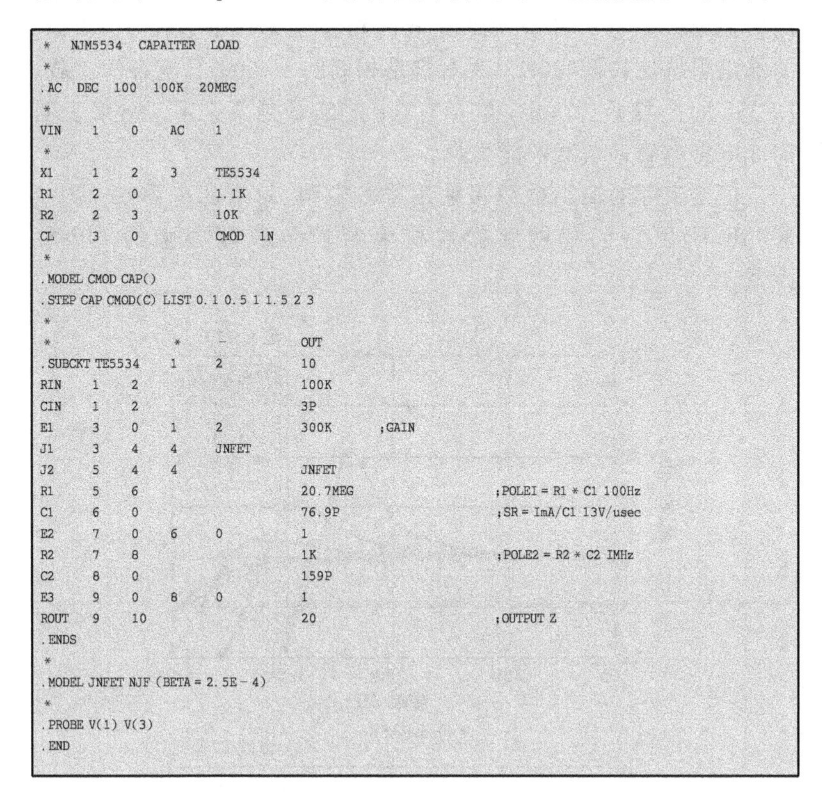

```
*  NJM5534  CAPAITER  LOAD
*
.AC  DEC  100  100K  20MEG
*
VIN    1    0    AC    1
*
X1     1    2    3     TE5534
R1     2    0          1.1K
R2     2    3          10K
CL     3    0          CMOD  1N
*
.MODEL CMOD CAP()
.STEP CAP CMOD(C) LIST 0.1 0.5 1 1.5 2 3
*
*              *    -          OUT
.SUBCKT TE5534  1    2          10
RIN    1    2                   100K
CIN    1    2                   3P
E1     3    0    1    2         300K       ;GAIN
J1     3    4    4    JNFET
J2     5    4    4              JNFET
R1     5    6                   20.7MEG                   ;POLEI = R1 * C1 100Hz
C1     6    0                   76.9P                     ;SR = ImA/C1 13V/usec
E2     7    0    6    0         1
R2     7    8                   1K                        ;POLE2 = R2 * C2 IMHz
C2     8    0                   159P
E3     9    0    8    0         1
ROUT   9    10                  20                        ;OUTPUT Z
.ENDS
*
.MODEL JNFET NJF (BETA = 2.5E-4)
*
.PROBE V(1) V(3)
.END
```

图 4.28 模拟 OP 放大器的电容性负载特性的表

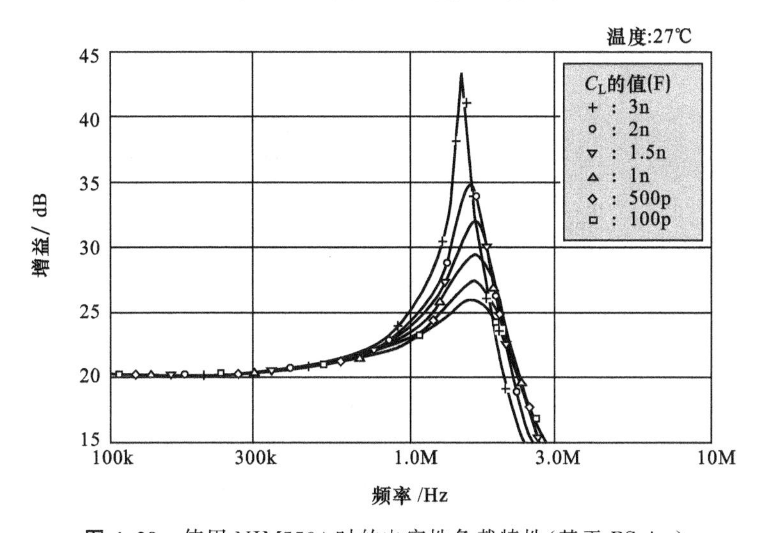

图 4.29 使用 NJM5534 时的电容性负载特性(基于 PSpice)

图4.30是OP放大器LF356和μPC811的电容性负载特性的模拟结果。它们都有大致相同的相位余量。不过由于LF356的输出阻抗比较低(30Ω),尽管都是相同的10 000pF电容性负载,LF356的凸峰是1.8dB,而μPC811的凸峰是5.1dB。结果表明LF356抗电容性负载的能力强。

但是实际的输出电缆多使用屏蔽电缆,每米的电容约200 300pF,所以它们都能够做成抗电容性负载能力强的OP放大器。

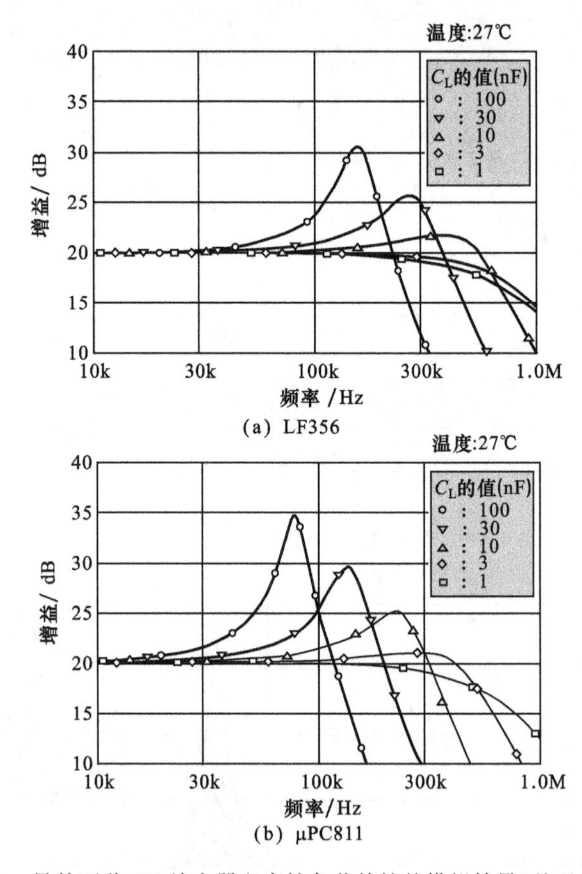

图4.30 另外两种OP放大器电容性负载特性的模拟结果(基于PSpice)

4.2.5 实际测量电容性负载特性

为了证实上面的模拟结果,实际组装图4.31的电路,给负载接续实际的电容器进行测量。实测结果示于图4.32。将凸峰值整理于表4.2。

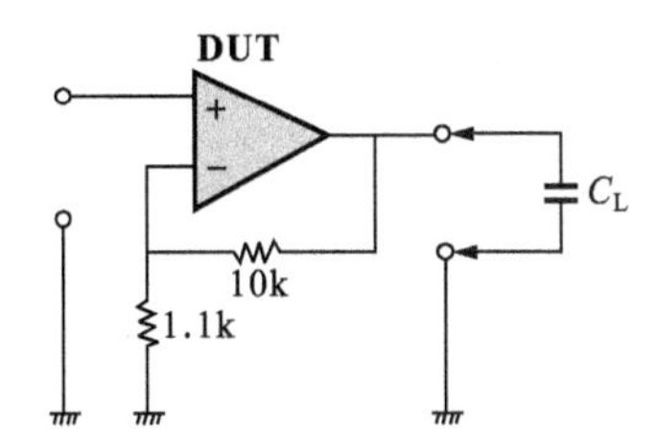

图 4.31 实测 OP 放大器电容性负载特性的电路

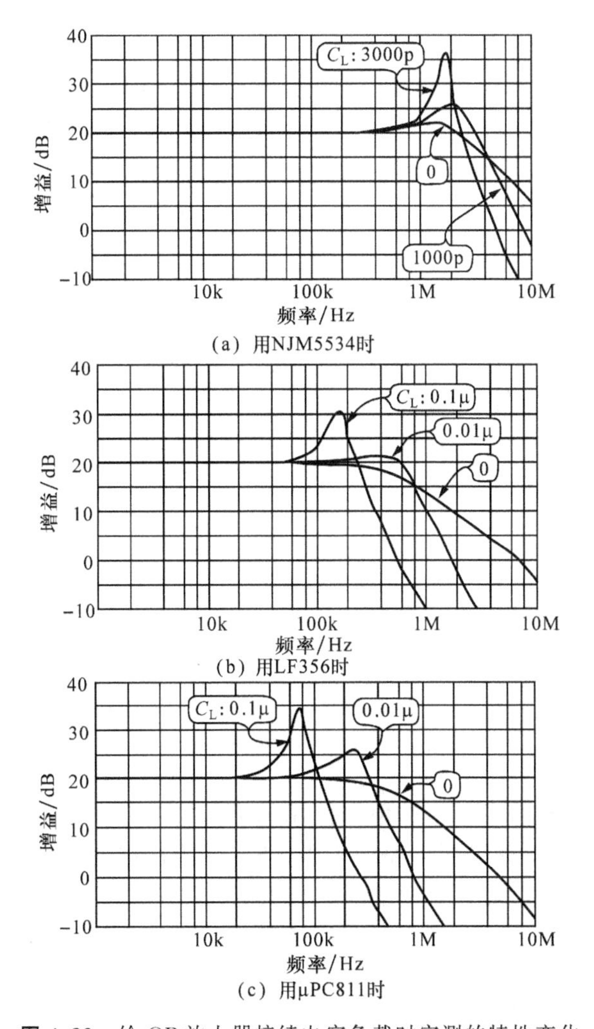

图 4.32 给 OP 放大器接续电容负载时实测的特性变化

表 4.2

	电容性负载	模拟值	实测值
NJM5534	1000pF	9.4dB	6dB
	3000pF	23.6dB	17dB
LF356	10nF	1.8dB	1.5dB
	100nF	10.9dB	10dB
μPC811	10nF	5.1dB	5.5dB
	100nF	14.8dB	14dB

NJM5534 模拟的凸峰值较大,有必要再稍微降低输出电阻和提高 f_{p2} 的值。但是,能够一致到这种程度,说明在实用上不会有什么问题。

LF356 和 μPC811 的实测值与模拟结果是完全一致的。

4.2.6 减小电容性负载影响的电路

在增益 20dB 以下使用 NJM5534 时必须充分注意负载的电容。图 4.33 是针对电容性负载采取了措施的电路。通过 C_1 使相位返回,从而增大了相位余量。

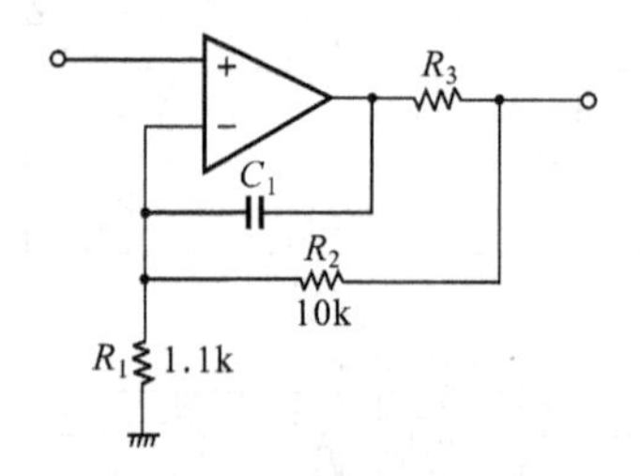

图 4.33 减小电容性负载影响的电路

这个补偿电容 C_1 的值因使用的 OP 放大器以及电路参数不同而有差异。如果用电路模拟器 PSpice 的扫描功能边改变补偿参数边模拟,就可以从频率特性的变化中获得最合适的值。

用 NJM5534 最终得到的补偿参数就是 $C_1=20\text{pF}$,$R_3=20\Omega$。

在这个补偿值下进一步增大负载电容,模拟的结果示于图 4.34,图 4.35 是实际电路的测量值。

可以看到模拟值与实测值有一些差异,不过是在容许的范围之内。与图 4.32 无补偿时的数据相比,可以看出特性非常稳定。

频率特性有一定的牺牲。不过如果调整电容负载的值,取 C_1

$=10\text{pF}$，$R_3=10\Omega$，那么直到 1MHz 都能够获得平坦的特性。但是这些都是小振幅特性。在大振幅下，需要注意由于流过电容负载的电流和转换速率在高频范围引起的输出电压被限制的问题。

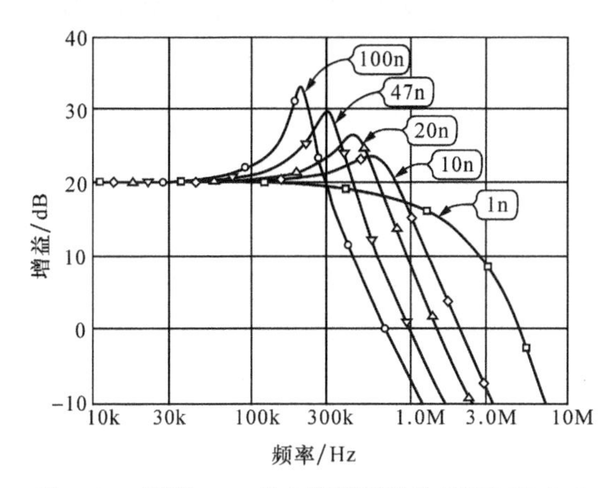

图 4.34　用图 4.33 的电路模拟特性(基于 PSpice)(OP 放大器使用 NJM5534)

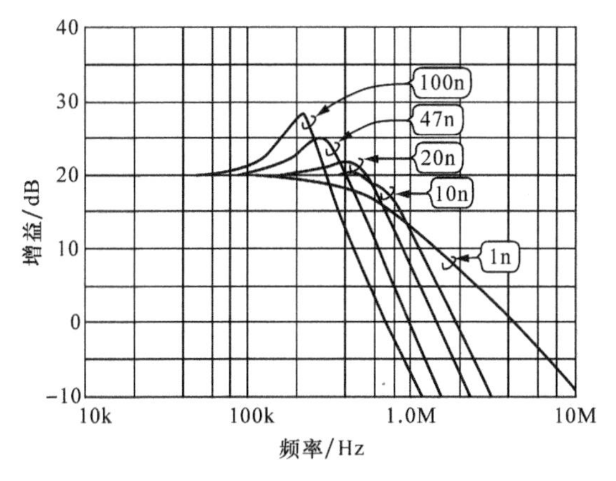

图 4.35　实测图 4.33 电路的特性

专栏 C

测定频率特性

图 4.24 中所测定的振幅-相位频率特性是用照片 4.A 所示的频率特性分析器(FRA:Frequency Response Analyzer)测量的。这种测量仪器还有一个名字人们较少知道，叫做伺服分析器，常用于测量控制机器人或电动机的伺服机构的传输特性以及 PLL 的锁相环特性。

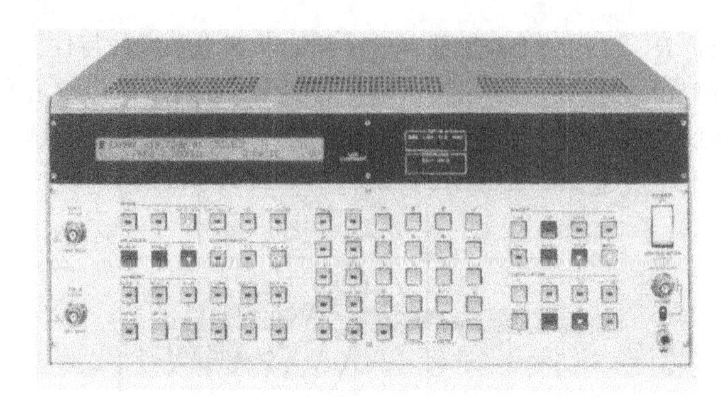

图 4.A 频率特性分析器 FRA5080

它有振荡部分和解析部分，通过数字傅里叶分析测量被测电路的增益-相位特性。因此，在低频下用1个波形完成分析。与网络分析器相比较，在低频下的测量速度要快得多。这是它的特点。像这里制作的放大器，最合适从0.1Hz进行测量。

第5章 差动放大器技术的应用

有的噪声容易消除，有的噪声难以消除。从噪声或者共态电压中提取信号成分并进行放大的放大器叫做差动放大器。前面所讲过的普通放大器叫做单端输入放大器。

在高精度测量中，差动放大器技术是不可缺少的。

5.1 共态噪声的消除

5.1.1 常态噪声与共态噪声

在第1章曾经涉及共态噪声的问题，在设计高精度放大器时还需要作更深入的讨论。

在对单个前置放大器进行调整、评价时显现不出共态噪声的影响。但是，当与后续的处理部分组合到一起，对系统进行综合评价时，以及实际制作调试并进行工作时就会遇到这种噪声。怎样才能快速而方便地消除这种噪声完全取决于设计制作者的技能，这样说一点也不过分。

图5.1示出常态噪声一般的混入形式。在普通的测定器中，是用电缆线A、B将信号源V_S与放大器连接起来。

图5.1(a)是噪声通过布线的浮游电容耦合混入电路的情况。由于印制电路板上的图形与临近的图形靠得很近，噪声通过板间布线与信号一起进入电路。

图5.1(b)是通过噪声电流产生的磁力线穿过信号线而混入信号线的情况。电源变压器等产生的磁力线穿入前置放大器的输入部分导致产生噪声。

这种直接混入在前置放大器等电路的接地与输入端之间的噪声叫做常态(差动模式)噪声。

针对图5.1(a)产生的噪声，可以采用屏蔽线等将信号部分与噪声源截断，使浮游电容产生的噪声从接地流出。

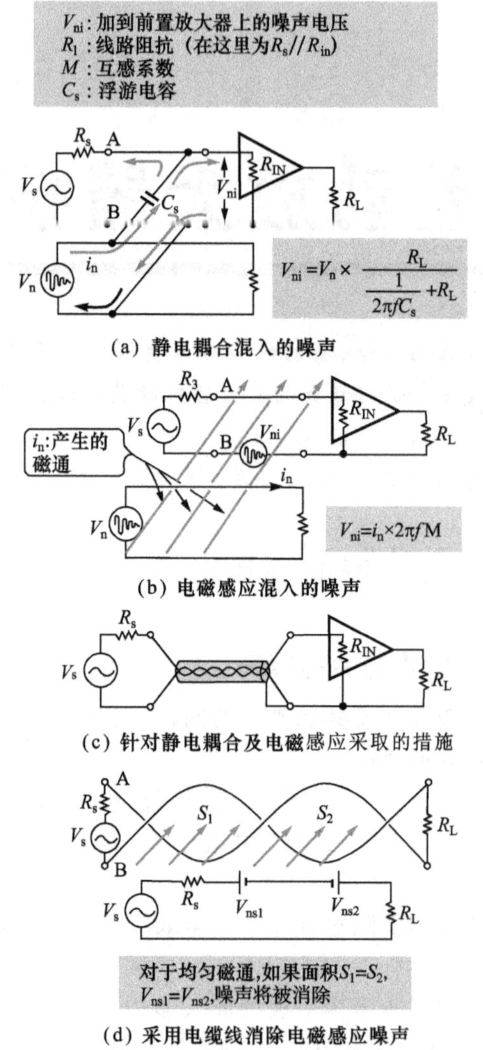

(a) 静电耦合混入的噪声

(b) 电磁感应混入的噪声

(c) 针对静电耦合及电磁感应采取的措施

(d) 采用电缆线消除电磁感应噪声

图 5.1 常态噪声及其采取的措施

在图5.1(b)的场合中，屏蔽磁力线是非常重要的，它可以减少磁力线穿过的面积。如图5.1(d)所示，这样不仅减少了磁力线穿过的面积，而且由于磁通发生的相邻电动势的极性是相反的，所以噪声相互抵消。

5.1.2 共态噪声转换为常态噪声

如果信号路径只是如图5.1所示的A和B，那么可以说"这些措施能够解决噪声问题"。不过实际情况并不这么简单。除了A和B之外，还存在路径C。图5.2是包含了路径C的电路的连接。

图5.2(a)中，通常把路径C叫做地(GND)。实际上，它可以是电源的公共端(0V线)，也可以是机架等，有各种形式。其他电器产生的各种噪声电流流过路径C，通过阻抗Z_G把噪声电压加在信号V_s的地与负载R_L的地之间。这种噪声叫做共态(同相模式)噪声。

图5.2(b)中，如果路径B的阻抗为0，就不会发生问题。实际上路径B中还共存有线圈L的成分、电阻R的成分等，即存在Z_B。路径A中，还有信号源电阻R_s，以及放大器输入电阻R_{IN}加在线路的阻抗Z_A上。

一般来说，R_{IN}比(R_s+Z_A)大得多，所以Z_B两端产生的噪声与(R_s+Z_A)两端产生的噪声电压有差异。其结果如图5.2(c)所

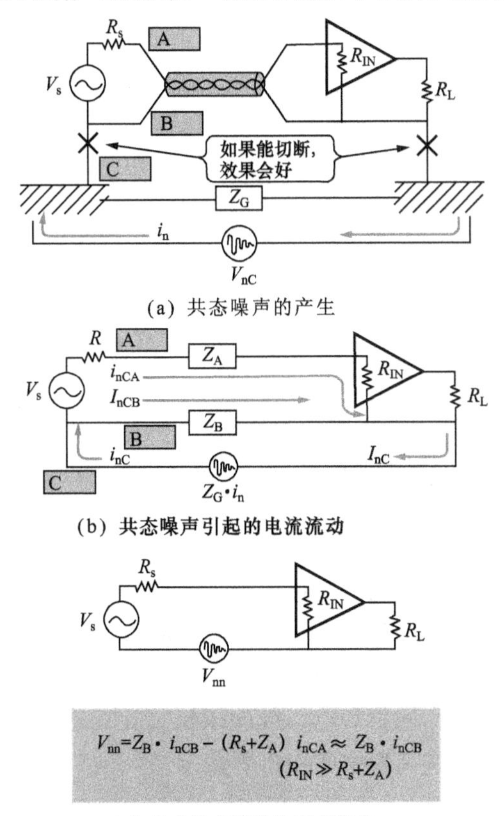

(a) 共态噪声的产生

(b) 共态噪声引起的电流流动

$$V_{nn}=Z_B\cdot i_{nCB}-(R_s+Z_A)\ i_{nCA}\approx Z_B\cdot i_{nCB}\quad (R_{IN}\gg R_s+Z_A)$$

(c) 共态噪声转换为常态噪声

图5.2 共态噪声及其采取的措施

示，噪声电压差值 V_{nn} 串联在信号源上。

这样，共态噪声就转换为常态噪声加到前置放大器的输入端上，被放大后出现在输出端。

共态噪声电流的产生有多种原因。有来自前置放大器后续进行信号处理的数字电路、开关电源，或其他电路产生的。

图5.2(a)中，如果断开信号源的接地或者放大器的接地，就能够消除共态噪声的影响。所以通常尽可能将传感器之类的信号源一端浮置。不过实际上，由于存在浮游电容等因素，到了高频区，往往难以对地实现高阻抗。

如果信号源连接商用电源或者与其他设备连接，共态噪声的路径将涉及到多个分支，情况就会变得更复杂。

放大器(前置放大器)一侧多由商用电源驱动，通过商用电源就默然地接地了。这就是说，除非使用下一章将介绍的隔离放大器之类，否则很难使放大器与地之间以高阻抗实现绝缘。

5.2 差动放大器

5.2.1 差动放大器

如图5.3所示，所谓差动放大器就是能够直接检测信号的两端，并且不受共态噪声影响地进行放大的放大器。差动放大器具有"＋"和"－"两个输入端，具有放大"＋"输入和"－"输入相对于G电位(地)的电压差的功能。用等效电路表示如图(b)所示。如图所示，在差动放大器的输入阻抗 R_{+IN} 和 R_{-IN} 比信号源电阻 R_s、线路阻抗 Z_A、Z_B 大得多的情况下，加在"＋"输入端的噪声成分(V_{n+IN})与加在"－"输入端的噪声成分(V_{n-IN})的值相等(差为0)，放大器的输出端不出现噪声成分。只有信号成分 V_S 的"＋"输入电压与"－"输入电压的差值被放大。

设两个输入阻抗相等 $R_{+IN}=R_{-IN}$，如果调整 Z_B 使 $R_s+Z_A=Z_B$，那么即使 R_{+IN} 和 R_{-IN} 的值很小，也能够消除 V_{nC} 的影响。但是，信号源电阻 R_s 的值和电缆线的阻抗 Z_A，Z_B 往往并不清楚，所以希望提高差动放大器中的输入阻抗。

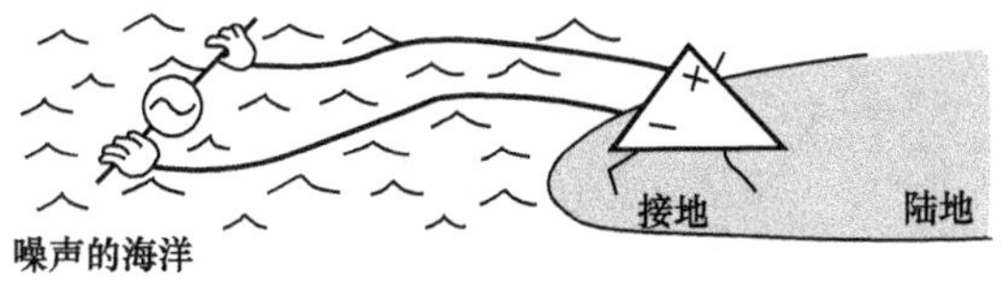

(a) 差动放大器从噪声的海洋中检出信号

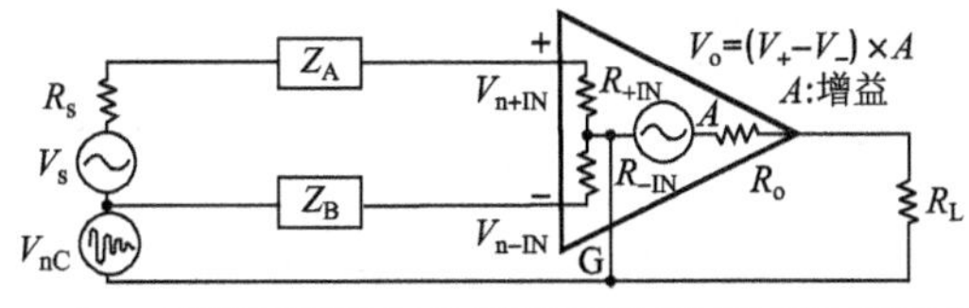

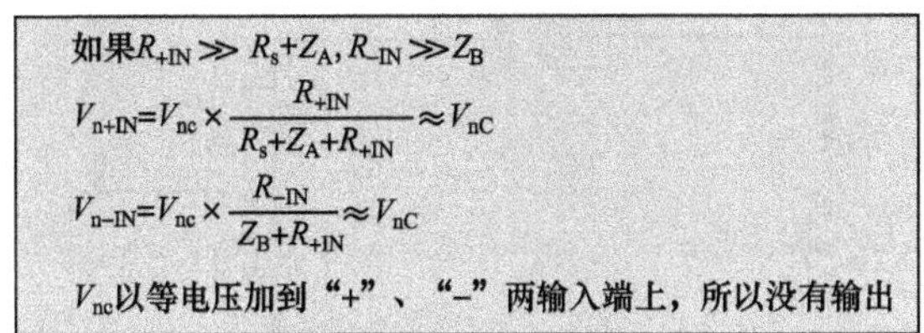

(b) 差动放大器的等效电路

图 5.3 差动放大器的任务

5.2.2 差动放大器与输入电缆的连接

如图 5.4(a)所示，通常使用二芯屏蔽线与信号源连接。这时在信号源以低阻抗接地的场合——Z_{cm}低时，屏蔽部分不与信号源连接。但是在信号源与地之间是高阻抗的场合——Z_{cm}高时，要将屏蔽接到地一侧。

这是因为在同相阻抗 Z_{cm} 大的场合，连接 Z_C(阻抗小)，由于 Z_{cm} 与 Z_C 的作用，出现在 C-G 间的 V_{nC} 成分被衰减，使 V_{nC} 的影响变得更小了。

同相阻抗 Z_{cm} 小的场合，即使连接 Z_C 而 V_{nC} 的成分并没有变小。相反，基于共态噪声 V_{nC} 的电流变大了，这个电流还会引起其他不良影响。其结果，不连接 Z_C 时的噪声往往变小了。

所以，通过使用差动放大器就能够消除共态噪声。但是，并不能乐观地认为使用差动放大器就能够解决所有的问题。差动放大器对共态噪声发挥作用大多是在 1MHz 以下的低频范围，到 1MHz 以上就需要采用其他方法(共态扼流圈等)。

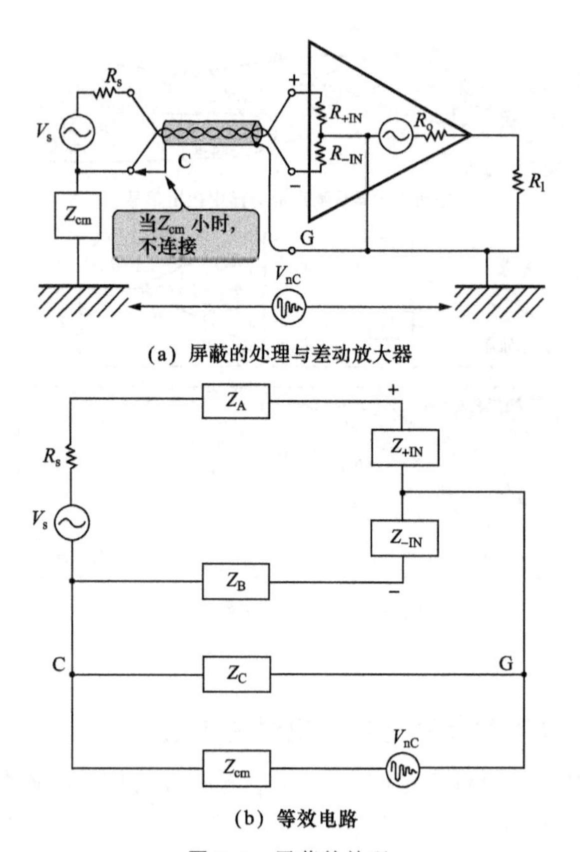

(a) 屏蔽的处理与差动放大器

(b) 等效电路

图 5.4 屏蔽的处理

5.2.3 高输入阻抗的 FET OP 放大器

差动放大器中，当提高输入阻抗时，噪声电流将不流过“＋”、“－”两个信号输入线，因此就能够摆脱共态噪声的影响。

一般构成 OP 放大器的晶体管基本上属于电流放大器件，需要输入偏置电流，所以不适合用作高阻抗信号源。

FET 是将栅极上所加电压变换为漏极电流进行放大的电压放大器件。原则上没有偏置电流流过输入端，也会有微小的漏电流流过，不过其值与晶体管相比不在同一个数量级上。

一般来说，双极晶体管 OP 放大器的输入偏置电流大约在 10nA～1μA 的范围，而 FET OP 放大器在 100pA 以下，甚至还有 1pA 以下的。因此在信号源阻抗高的场合，应该使用 FET OP 放大器。但是 FET OP 放大器中低噪声/低漂移器件比较昂贵，不宜滥用。

在信号源电阻低的场合，使用双极晶体管OP放大器就可以充分发挥差动放大器的效能。

5.2.4 输入偏置电流的影响

晶体管本质上是一种电流放大器件，如图5.5所示，电流流过基区。晶体管输入型OP放大器(叫做双极OP放大器)中流过OP放大器的也是这个电流。如果输入是NPN型晶体管，那么电流流入OP放大器的输入端；当输入是PNP型晶体管时，电流自OP放大器的输入端流出(图5.6)。在OP放大器IC数据表中，输入偏置电流 I_B 就是这个电流。

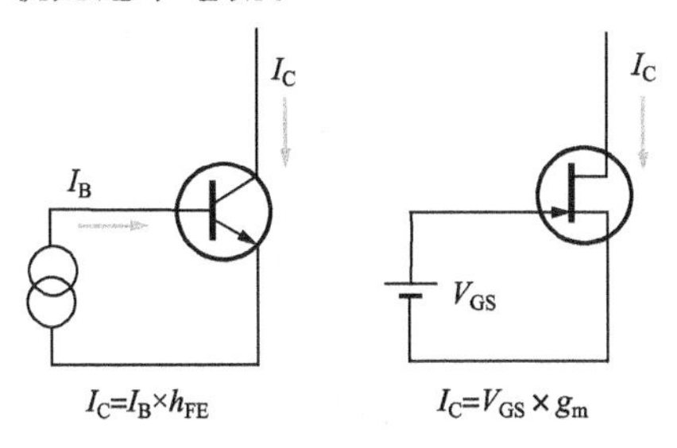

图5.5 晶体管与FET的不同

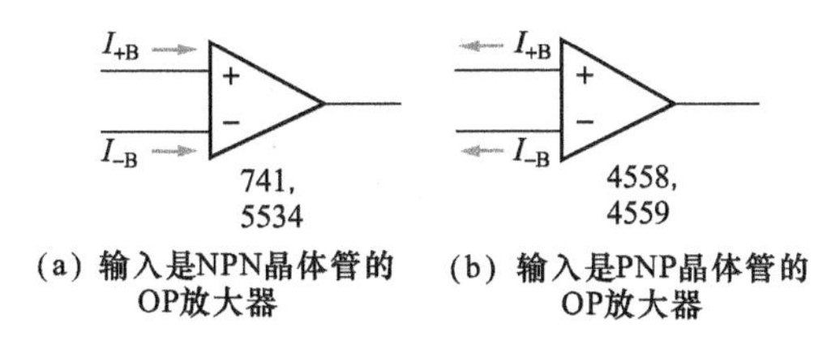

图5.6 OP放大器输入电流的流动

在直流放大器的场合，由于这个 I_B 流过信号源电阻 R_s，在输入端会产生误差电压。在 I_B 与 R_s 固定不变的情况下，通过调整失调电压可以摆脱它。不过 I_B 是随温度而变化。此外在通用直流放大器的场合，也不能确定信号源电阻 R_S。

图5.7示出由于偏置电流 I_B 和信号源电阻 R_S 的变化，在输出端产生直流误差的情况。顺便指出，这个电路就是熟知的增益为100倍的非反转放大器。设 I_B 为0.5μA，输入失调电压为0V。所以"+"、"−"输入端电压相同。

图5.7(a)是 R_s 为0Ω时的情况。即使有 I_{+B} 流过，由于"+"、"−"端的输入电压是0，所以没有电流流过 R_1。但是，有偏置电流流过 R_2，所以在 R_2 两端的+4.95mV电压作为误差电压出现在输出端。

图 5.7(b)是 R_s 等于 R_1 与 R_2 并联电阻值为 99Ω 时的情况。“+”、“−”输入端电压是−49.5μV，从 R_1 流入 0.495μA，其余的 0.005μA 从 R_2 流入。R_2 上的电位差为 49.5μV，输出端不出现误差电压为 0V。

图 5.7(c)是 R_s 为 1kΩ 的情况。“+”、“−”输入端电压是 500μV，5μA 流过 R_1，0.5μA 是偏置电流，其余的 4.5μA 流过 R_2。所以 R_2 上的电位加上输入电压，误差输出电压就是 −45.05mV。

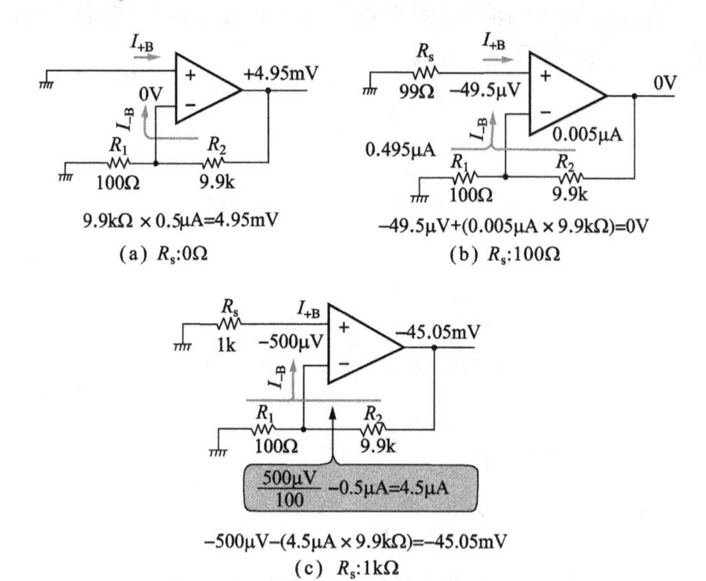

图 5.7 如果输出随着信号源电阻发生变化——输入偏置电流的影响

5.2.5 减少输入偏置电流影响的方法

可以对 OP 放大器输入偏置电流的影响进行一定程度的补偿。

如图 5.8 所示，给反转放大器的“+”输入端插入串联电阻 R_3，如果设计从“+”、“−”输入端看到的信号阻抗是相同的，就能够摆脱因输入偏置电流 I_B 随温度变化所产生的直流误差。

这个电阻 R_3 只是补偿 I_B 因温度变化产生的影响，所以在 FET OP 放大器中不需要它。对于交流来说，如果有电阻就会产生热噪声，或者使阻抗变大，容易引起静电耦合噪声的混入，所以需要并联电容以降低交流阻抗。

但是，实际的 I_B 在“+”输入和“−”输入不是完全相同的值。

这个差值叫作输入失调电流 I_{IO}（$|I_{+B}-I_{-B}|=I_{IO}$）。

输入失调电流 I_{IO} 的值大多是 I_B 的1/10左右。因此即使像图5.8那样使用 R_3，由于存在 I_{IO}，所以并不能完全消除 I_B 的影响。就是说，没有必要严格考虑 R_3 的值。

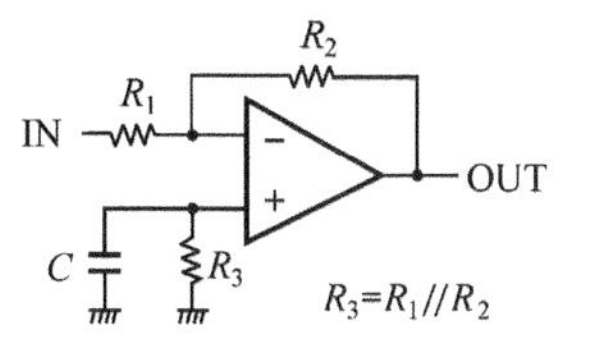

图5.8　消除偏置电流影响的电阻 R_3

高精度的双极OP放大器中，如图5.9所示是在IC的内部对 I_B 补偿，并同时减小 I_B 的值。为了补偿 I_B 的值，I_{+B} 和 I_{-B} 流动的方向不是确定的，所以在数据表中附有“±”符号。使用这种OP放大器时，图5.8中的 R_3 不起什么作用，当然也就没有意义了。

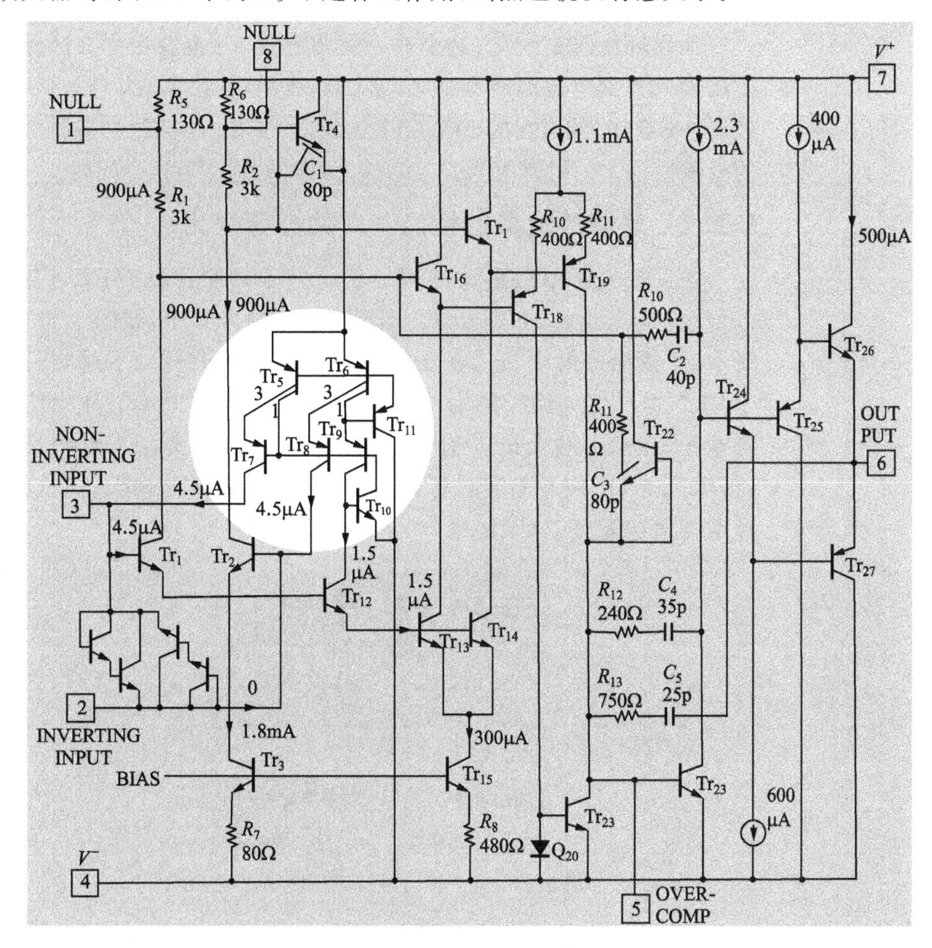

图5.9　补偿偏置电流的OP放大器（OP-07，LT1028，μPC816等），图中是LT1028

5.2.6 要注意 FET OP 放大器输入失调电压的温度漂移

应用 OP 放大器放大微小信号的直流放大器中，抑制 OP 放大器自身的直流漂移是非常重要的。

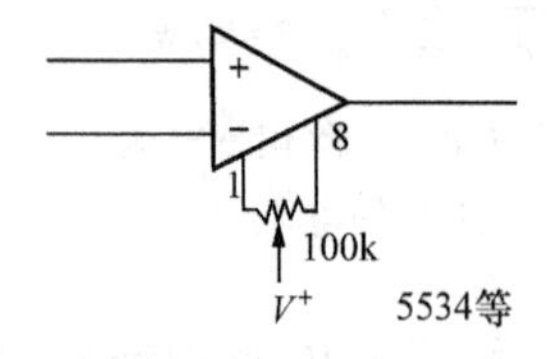

图 5.10 输入失调电压的调整

发生直流漂移的原因，除了输入偏置电流 I_B 外，还有输入失调电压 V_{IO}。如图 5.10 所示，这个 V_{IO} 自身可以通过外部附加的调整用半可变电阻调整到 0。不过不同种类 OP 放大器的失调电压调整端子的管脚编号不同，半可变电阻的值也不相同。还由于接续的电压有正负差异，所以必须注意仔细阅读 OP 放大器 IC 的数据表。

如果环境温度变化，这个输入失调电压 V_{IO} 也会变化。这种性质用输入失调电压温度漂移 $\Delta V_{IO}/\Delta T$ 表示，单位是 μV/℃。一般来说，FET OP 放大器的 $\Delta V_{IO}/\Delta T$ 比双极 OP 放大器要大，各器件间的分散性也大。在使用 FET OP 放大器时必须注意这个问题。

5.2.7 差动放大器的性能——共态抑制比

差动放大器中最重要的特性就是共态抑制比(CMRR：Common Mode Rejection Ratio)。理想的差动放大器中，如图 5.11(a)所示，即使加有信号 V_{sc}，在输出端也不会出现信号。不过实际由于"+"、"−"之间微小的增益差以及"+"、"−"之间增益频率特性有差异，在输出端会出现信号。把图 5.11(a)的增益叫做同相增益，图 5.11(b)中相对于目标信号 V_{SD} 的增益叫做差动增益。这两种增益之比就是 CMRR。

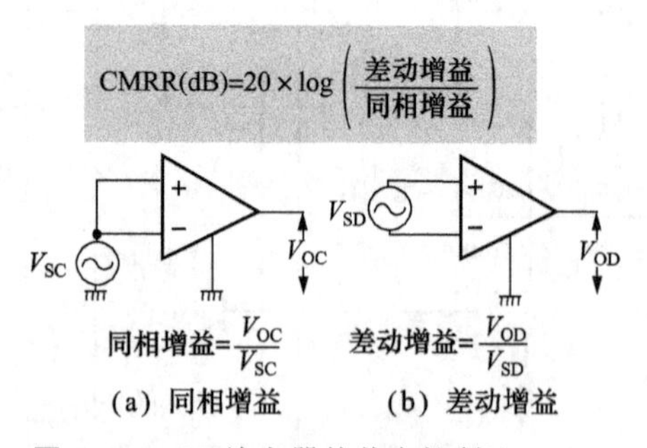

图 5.11 OP 放大器的共态抑制比 CMRR

因此，CMRR 越大差动放大器的性能越优良，抑制共态噪声的效果越显著。但是，CMRR 的值并不是只由 OP 放大器决定。

输入电阻和反馈电阻的值也有很大的影响。关于这个问题后面还会讲到。

5.3 改良的差动放大器

5.3.1 一个 OP 放大器的差动放大器

OP 放大器有两个输入端,是基本的差动放大器。如图 5.12 那样连接起来,就可以作为差动放大器工作。

图 5.12 电路的最大的优点在于只用一个 OP 放大器能够工作。从"－IN"看到的输入阻抗是 R_1,从"＋IN"看到的输入阻抗(因为 X_1 的"＋"输入是高阻抗)是 R_2+R_4。就是说在以 $R_1=R_2$ 构成电路的场合,在"＋"输入和"－"输入的输入阻抗是不相同的,而且还存在输入阻抗不能提高的缺点。所以不可能获得大的 CMRR 的。

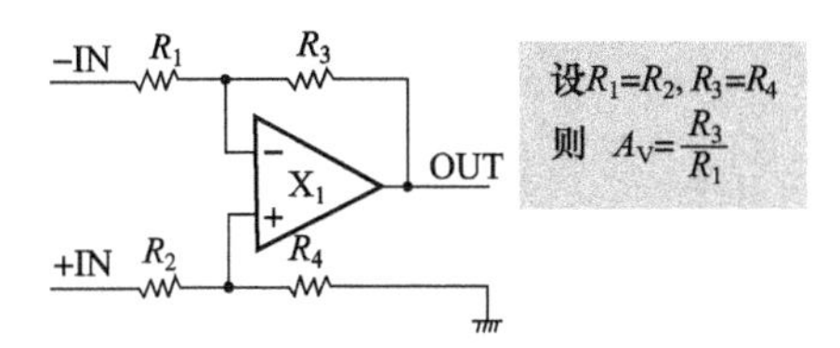

图 5.12 一个 OP 放大器的差动放大器

5.3.2 使用多个 OP 放大器的差动放大器

图 5.13 是实际使用的由多个 OP 放大器构成的差动放大器例。这是一个性能优良的差动放大器电路。由于 X_1 和 X_2 是非反转放大器,所以输入阻抗变大了。而且由于 X_1 和 X_2 的输出阻抗低,所以即使 X_3 的"＋"、"－"输入阻抗有差异,它的影响也非常小。

从噪声和直流失调的角度来看,设计时应该尽量选择性能好的 OP 放大器 X_1 和 X_2,提高增益。另外,采用高精度的电阻器,使 $R_2=R_3$,$R_4=R_5$,$R_6=R_7$。举例来说,如果电阻值误差在 1%以上,对于"＋"输入的增益和对于"—"输入的增益就会产生 1%以上的误差,那么 CMRR 就会降低到 40dB 以下。

图 5.13(b)是将 OP 放大器减少为 2 个,电阻减少为 4 个的电路。由于"＋"、"－"输入都是非反转放大器,所以输入阻抗变大。缺点是由于"＋"、"－"的频率特性不相同,所以高频范围的CMRR

比图(a)差。另外，不能提高"－"输入的初级 X_1 的增益，这不利于改善噪声和直流漂移。

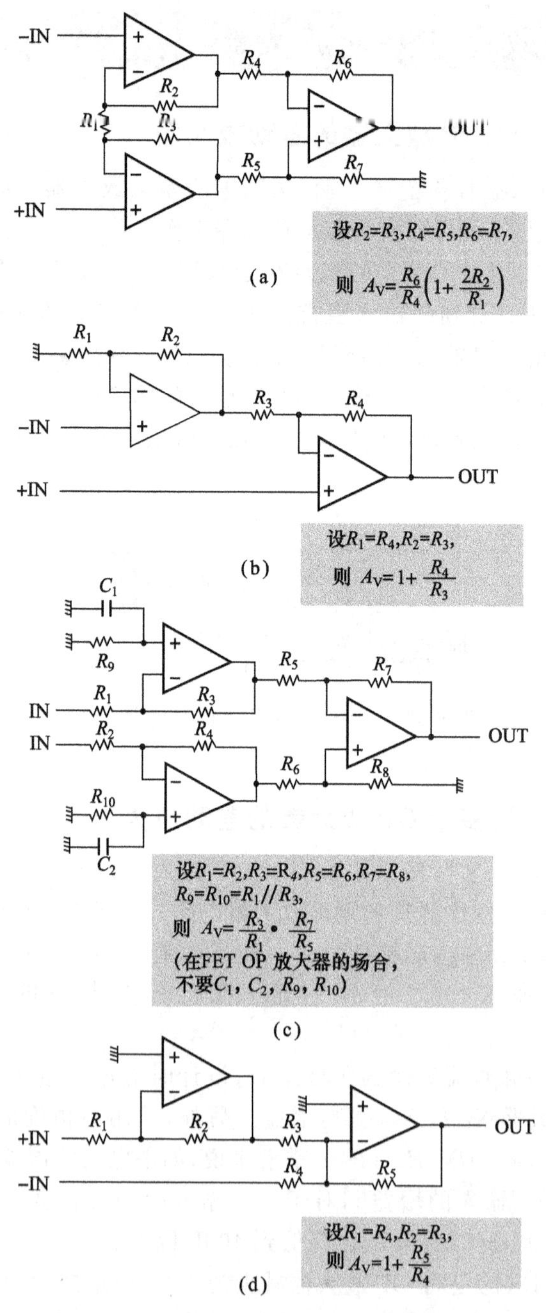

图 5.13 实际经常使用的差动放大器

图 5.13(c)是使用 3 个 OP 放大器的差动放大器，其中 X_1 和 X_2 构成反转放大器。因此与图 5.13(a)相比，缺点是不利于输入阻抗和热噪声，但是优点是可以处理高于电源电压的同相信号。

例如，取 $R_1=R_2=100\text{k}\Omega$，$R_3=R_4=10\text{k}\Omega$，$R_5=R_6=1\text{k}\Omega$，$R_7=R_8=100\text{k}\Omega$，设电源电压为 $\pm15\text{V}$，由于 X_1 和 X_2 的增益是 1/10，所以即使在 100V 的同相电压下也不会饱和。由于 X_3 是 100 倍，所以总的差动增益能够达到 10 倍。

图 5.13(d)是图 5.13(c)的改良电路，由 2 个 OP 放大器构成。

5.3.3 信号电缆电容成分的影响

差动放大器的首要任务是消除共态噪声。因此重要的是确保高的输入阻抗。在信号源阻抗高的情况下，这种重要性就更加凸显出来。特别是当频率升高时，连接信号源与差动放大器的屏蔽线的电容就成为重要的问题。

图 5.14 的(a)是用 3m 的屏蔽线将 $R_s=10\text{k}\Omega$ 的信号源连接到差动放大器的情况。3m屏蔽线的电容量大约是500pF，其等效

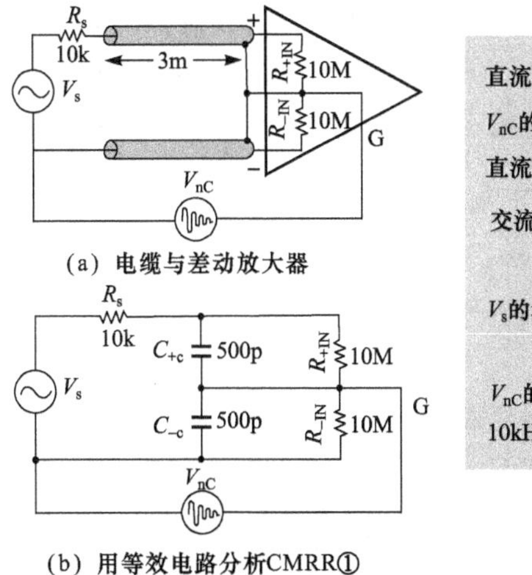

(a) 电缆与差动放大器

(b) 用等效电路分析CMRR①

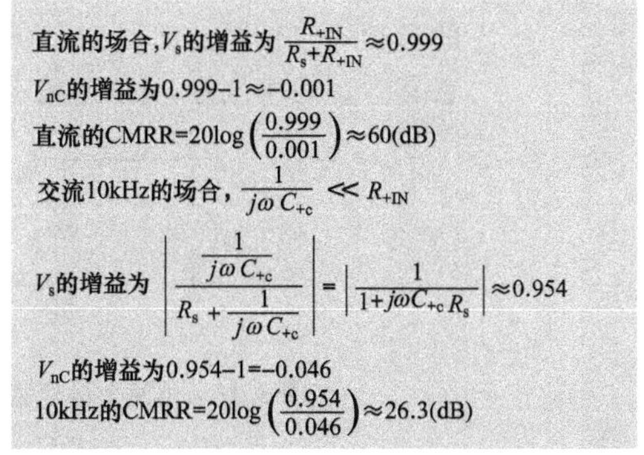

10kHz时，加在"+"输入的V_{nC}成分为 $\left|\frac{1}{1+j\omega C_{+c}R_s}\right|\approx0.954$

加在"−"输入的V_{nC}成分为 $\left|\frac{1}{1+j\omega C_{-c}R'_S}\right|\approx0.936$

所以V_{nC}的增益为0.954−0.936=0.018

CMRR=$20\log\left(\frac{0.954}{0.018}\right)\approx34.5$(dB)

(c) 用等效电路分析CMRR②

图 5.14 信号电缆对 CMRR 的影响

电路如图5.14(b)所示。差动放大器的输入阻抗为10MΩ,非常高。但是如果考虑的频率是10kHz,由于屏蔽线的电容降低了输入阻抗,所以在直流下具有60dB的CMRR将会下降到26.3dB。

图5.14(c)是将10kΩ的电阻插入到“－”输入端,补偿CMRR的情况。尽管电缆的电容相差100pF,CMRR只降低到34.5dB。所以在频率提高,信号源电阻也高的场合,电缆的电容量对CMRR的影响很大。

5.3.4 消除电缆电容的隔离驱动

消除信号输入电缆线电容的方法叫做隔离驱动,也叫做屏蔽驱动。

图5.15(a)中,把电容器连接到交流信号V_A上。图5.15(b)是在电容器的接地端再连接一个交流信号V_B的电路。在V_A、V_B是相同电压、相同相位的情况下,电容器两端的电位差为0,所以没有电流流过电容器。就是说,这个电容等效为0。当V_A和V_B相位差为180°时,电容器两端的电压与图5.15(a)相比,增加了一倍,电流也加倍,相当于电容量增加了一倍。这种现象与晶体管中的米勒效应相同。如图5.16所示,输入电压被晶体管放大,但是它有180°的相位差,所以基极-集电极间电容也等效为增益倍。

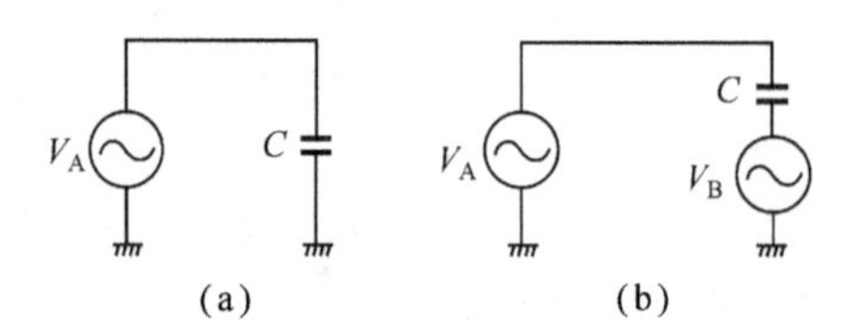

图5.15 用两个信号驱动电容器——消除屏蔽电容

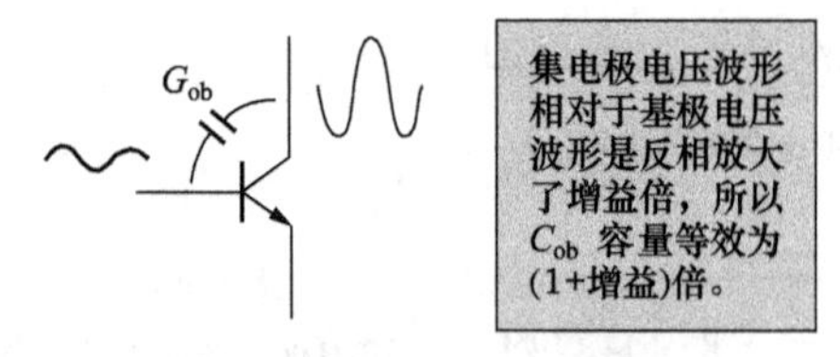

图5.16 米勒效应——电容的增大

图5.17是实际的隔离驱动电路。如果是相同信号V_{nC},①点就是同相位、同振幅,那么基于V_{nC}电流就不会流过屏蔽电容。也就是说,屏蔽电容被消除,减小了屏蔽电容所引起的CMRR值的下降。

但是，这种屏蔽驱动也有缺点，由于用同相位、同振幅的信号驱动输入电缆，容易发生振荡。图 5.17 中 R_G 的作用就是为了防止发生振荡而进行系统调整的电阻。

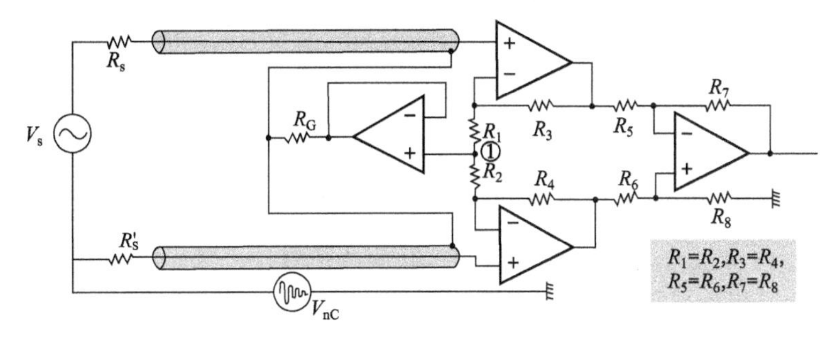

图 5.17 使用隔离驱动的差动放大器

5.3.5 用同相电压驱动电源

差动放大器 CMRR 劣化的原因说明了“+”端信号与“−”端信号的不平衡。在前面图 5.13(b)的电路中，如果使用的电阻都是平衡的，就应该能够消除所有产生不平衡的因素，不过实际情况并非如此。

由于实际使用的 OP 放大器的特性不是理想化的，所以 CMRR的值也是有限的。即使非常仔细地调整，在 DC～1kHz 的范围达到 100dB 左右的 CMRR 特性，也会随着频率的升高而劣化。特别是因共态信号使初级 OP 放大器的转换速率达到饱和时，CMRR 就会变得非常差。

CMRR 劣化的主要原因是两个初级 OP 放大器的输入共态电位引起输入特性的变化。理想情况下，如果输入电压处于工作范围之内，那么 OP 放大器的输入阻抗和增益不应该变化。不过实际上当输入电压变化时，输入偏置电流、输入电容以及增益等都会发生变化，尽管这些变化非常小。由于这种变化使“+”端和“−”端产生了差异，从而使 CMRR 劣化。

如图 5.18 所示，如果初级 OP 放大器的电源电压随共态输入电位而变化，那么初级 OP 放大器的工作点就不随共态输入电位变化成为固定值。其结果是两个输入 OP 放大器的共态电位就成为相同的，不再变化，从而使 CMRR 得到改善。

图 5.19 就是实现这种电源驱动的差动放大器。在下面的 5.4 节中将用这个电路进行实装，并测量其特性的改善。

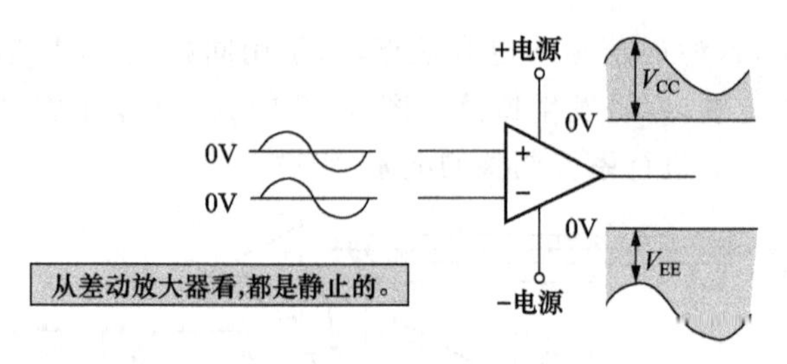

图 5.18 用同相信号驱动差动放大器的电源

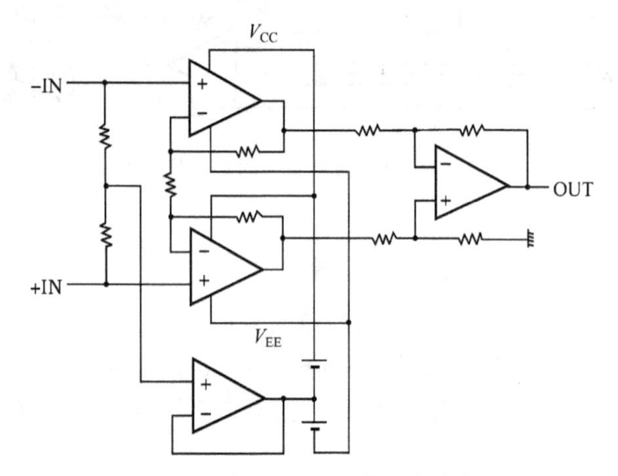

图 5.19 实现图 5.18 的差动放大器

5.3.6 差动放大器产品——测试设备用放大器

这里介绍最近由 OP 放大器 IC 厂家生产的专用差动放大器产品是测试设备用的放大器。这些产品业已将差动用电阻内藏于机壳内,所以没有必要另外购买温度系数低的电阻,而且由于都在一个机壳内,所以温度平衡性好,也减少了所占面积。

测量设备用放大器产品主要有图 5.20 所示的四种。

图 5.20(a)的机型需要外部附加决定增益的 R_G,所以能够自由地设定增益值。

图 5.20(b)的机型内藏了多个 R_G,可以按照不同的连接方法选择其增益,设定的增益由内藏的电阻决定。

图 5.20(c)是能够通过外部设定的数字决定增益的机型,与微处理器(MPU)等组合使用时很方便。

图 5.20(d)是只内藏 1 个 OP 放大器的机型。由于内藏有温度系数相等的电阻,所以与其他 OP 放大器组合使用时很方便。

以下各种机型的测量用放大器的增益只是由初级决定的，所以需要注意在高增益下，增益-频率特性可能会恶化。例如，使用3个GBW为10MHz的OP放大器，构成增益为60dB的差动放大器的场合，如果初级设定60dB的增益，那么频率特性变成了10kHz。如果设定初级和次级各为30dB，那么频率特性就可以延伸到300kHz。不过在次级增益固定为1的测量设备用放大器中不能这样。

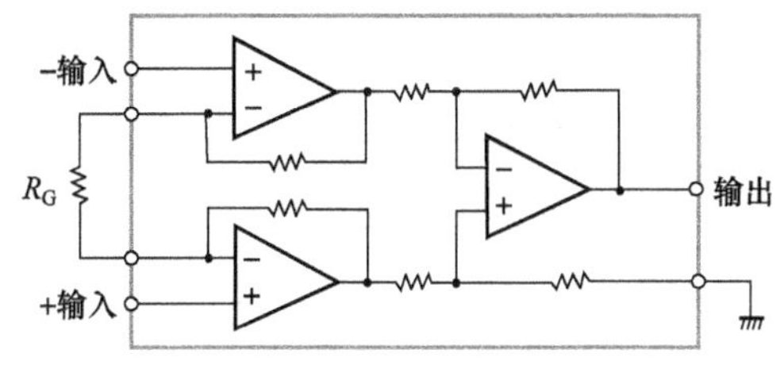

(a) INA101,INA111,INA114,INA115,AD521,AD625

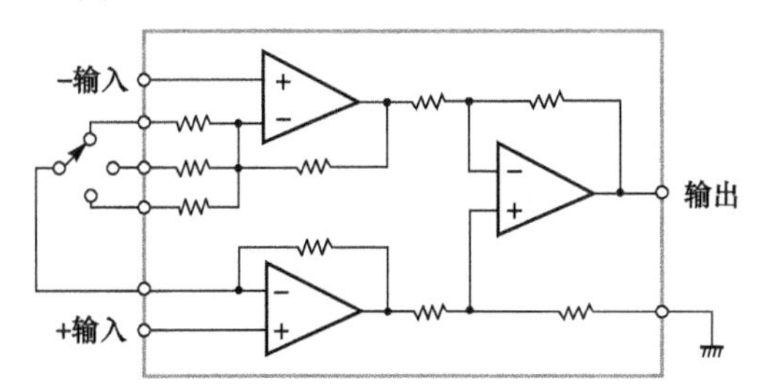

(b) INA102,INA103,INA110,INA120,INA131,AD524,AD624

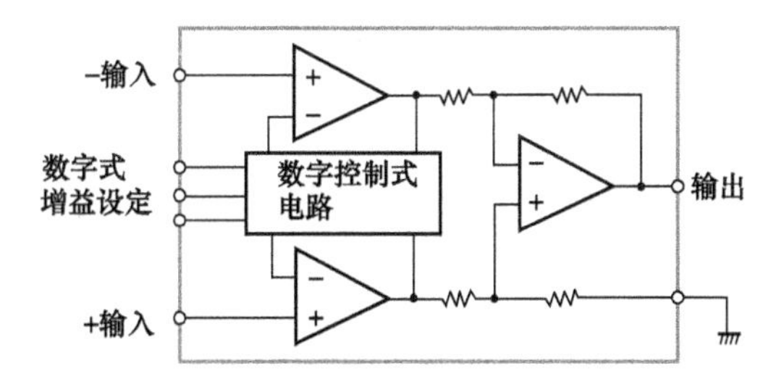

(c) PGA202/203,PGA204/205,AD526

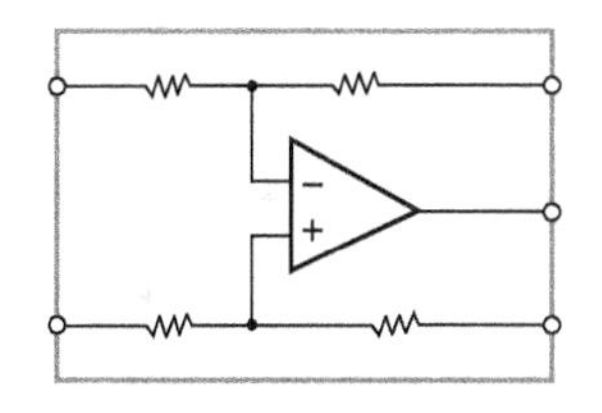

(d) INA105,INA106,INA117

图 5.20 各种差动放大器产品

5.4 差动放大器的实验

5.4.1 制作的前置放大器概况

现在实际制作并实测前置放大器以确认前面的讨论结果。图5.21是实验的差动放大器的电路，设计指标示于表5.1。

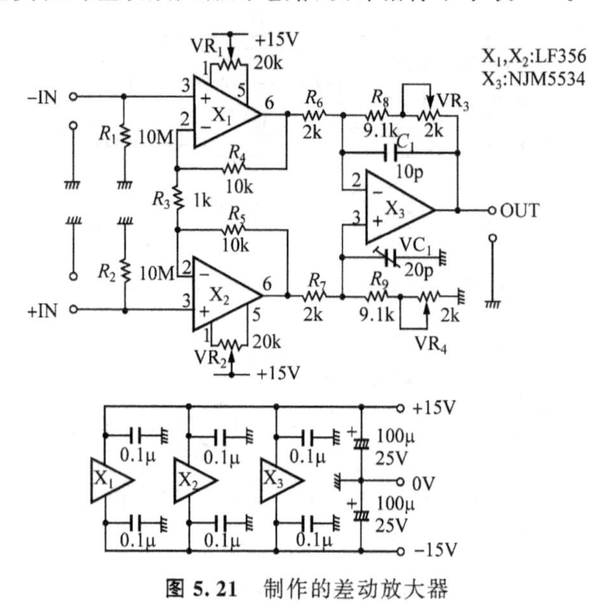

图 5.21 制作的差动放大器

表 5.1 制作差动放大器的指标

① 输入形式：平衡差动输入 BNC 连接器 2 个
② 输入阻抗：10MΩ
③ 输入换算噪声电压密度：20nV/$\sqrt{Hz}$以下（100Hz～100kHz）
④ 电压增益：40dB
⑤ CMRR：80dB 以上（DC～1kHz），60dB 以上（1～100kHz）
⑥ 增益-频率特性：DC～100kHz
⑦ 最大输出电压：±10V 以上（正弦波在 $7V_{rms}$ 以上）
⑧ 输出阻抗：1Ω 以下
⑨ 最大输出电流：±10mA 以上
⑩ 电源电压：直流±15V

差动放大器作为测量用放大器大多具有简便的结构形式。这里使用通用的 FET OP 放大器进行性能实验。

首先从图5.13中说明过的使用3个 OP 放大器的电路开始。

这里使用的 OP 放大器 LF356 的性能参数示于表5.2。这种产品很早就已经商品化了，不过现在在低噪声的转换速率、增益带宽 GBW 等方面都有新的提高，在 100kHz 以下的频率范围内要求低噪声的 FET 输入 OP 放大器中经常使用它。

表 5.2 OP 放大器 LF356 的性能参数

(a) DC 特性

符号	参数	条件	LF255/6/7 LF355B/6B/7B			单位
			min	typ	max	
V_{OS}	输入失调电压	$R_S=50\Omega$, $T_A=25℃$			5	mV
		Over Temperature			6.5	mV
$\Delta V_{OS}/\Delta T$	输入失调电压的TC平均值	$R_S=50\Omega$		5		μV/℃
$\Delta TC/\Delta V_{OS}$	通过 V_{OS} 的调节改变 TC 的平均值	$R_S=50\Omega$		0.5		μV/℃ per mV
I_{OS}	输入失调电流	$T_j=25℃$		3	20	pA
		$T_j \leqslant T_{HIGH}$			1	nA
I_B	输入偏置电流	$T_j=25℃$		30	100	pA
		$T_j \leqslant T_{HIGH}$			5	nA
R_{IN}	输入电阻	$T_j=25℃$		10^{12}		Ω
A_{VOL}	大信号电压增益	$V_S=\pm 15V$, $T_A=25℃$ $V_O=\pm 10V$, $R_L=2k$	50	200		V/mV
A_{VOL}		Over Temperature	25			V/mV
V_O	最大输出振幅	$V_S=\pm 15V$, $R_L=10k$	±12	±13		V
		$V_S=\pm 15V$, $R_L=2k$	±10	±12		V
V_{CM}	同相输入电压范围	$V_S=\pm 15V$	±11	±15.1 −12		V
CMRR	共态抑制比		85	100		dB
PSRR	电源抑制比		85	100		dB

(b) AC 特性(LF156/256/356/356B, typ.)

符号	参数	条件		单位
SR	转换速率	LF155/6: $A_V=1$	12	V/μs
GBW	增益带宽积		5	MHz
T_s	调整时间	0.01%	1.5	μs
e_n	等效输入噪声电压	$R_S=100\Omega$		
		$f=100Hz$	15	$nV/\sqrt{Hz}$
		$f=100Hz$	12	$nV/\sqrt{Hz}$
i_n	等效噪声输入电流	$f=100Hz$	0.01	$nV/\sqrt{Hz}$
		$f=100Hz$	0.01	$nV/\sqrt{Hz}$
C_{IN}	输入电容		3	pF

由于在噪声特性和直流失调电压的温度漂移特性方面往往有分散性(FET 输入 OP 放大器一般都有这种倾向),所以在实装前需要进行检验。直流失调电压温度漂移有明确规定的(挑选的芯片)LF356A 的价格要高出 10 倍。一般在不怎么计较时间的情况下,还是由自己亲自来挑选比较好。使用温度特性相同的 X_1 和 X_2,对于减小温度漂移是有效的。

5.4.2 确定电路的参数

第 1 章已经介绍过 OP 放大器的输入换算噪声特性。LF356 的输入换算噪声特性是 $12nV\sqrt{Hz}$,所以要求 $R_3 // R_4$ 上产生的热噪声必须低于这个值,这里取 $R_3=1k\Omega$。

在连接直流信号源的状态下经常不需要 R_1 和 R_2,但是在连接用电容器隔断了直流的信号源的场合,或者在输入被开路的场合作为防静电措施需要使用它。

输出 OP 放大器使用输出电流大的 NJM5534。使用 C_1 和微调电容器 VC_1 使"+"输入与"-"输入的输入频率特性一致,改善高频范围的 CMRR。由于 NJM5534 在低增益时在高频范围会出现凸峰,C_1 对它也具有抑制作用。

VR_3 用来调整增益,VR_4 用于调整低频范围的 CMRR。

此外,在这种放大器中,决定增益的电阻的温度系数对于 CMRR的温度特性会产生很大的影响,所以应该使用温度系数低的金属膜电阻。

5.4.3 试制的差动放大器的增益-频率特性

图 5.22 是制作的差动前置放大器的增益-相位-频率特性。大约在 200kHz 出现-3dB 的衰减。不过这是在增益 20 倍下使用

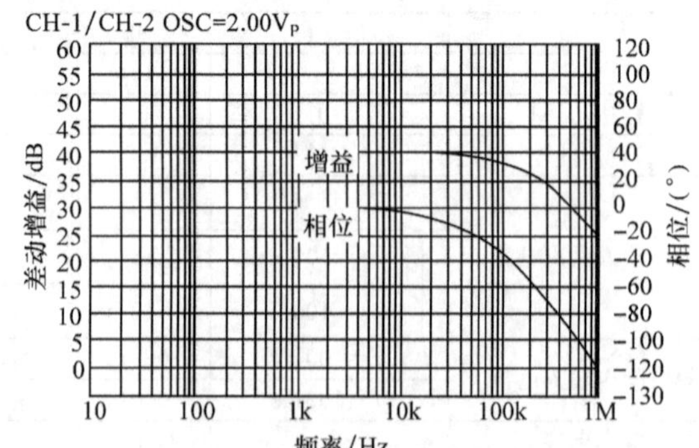

图 5.22 制作的差动放大器的差动增益-相位-频率特性

增益带宽 GBW 为 5MHz 的 LF356 得到的。

照片 5.1 是输入方波时的响应特性。在高频范围的频率特性都是平缓地衰减，没有发生凸峰。由于受到转换速率的限制，之前的高频特性比 GBW 低，所以如照片(b)和照片(c)看到的那样，小振幅和大振幅的方波响应呈相似形。

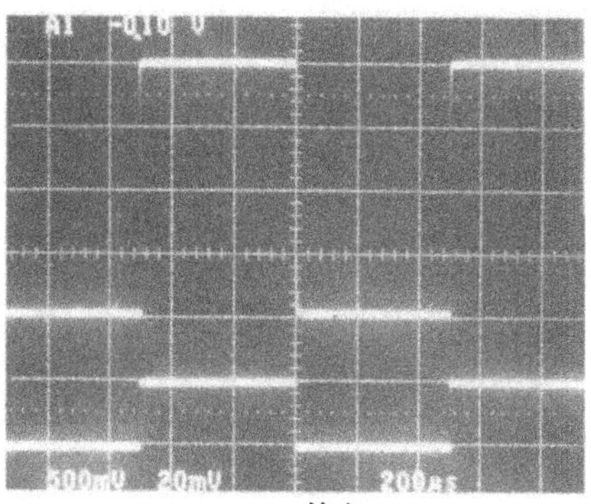

(a) 1kHz,输出：$2V_{P-P}$

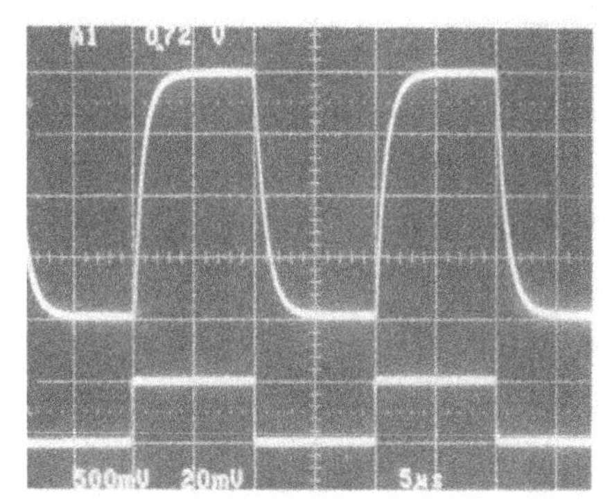

(b) 50kHz,输出：$2V_{P-P}$

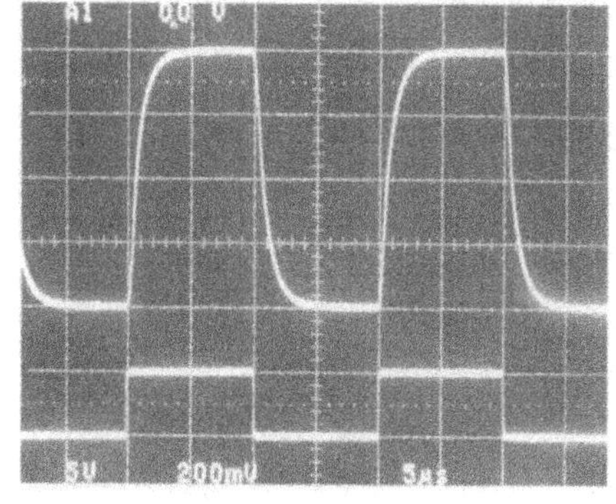

(c) 50kHz,输出：$20V_{P-P}$

照片 5.1 方波响应波形

照片5.2是上升特性。由于高频特性接近−6dB/oct，由上升时间1.9μs求得−3dB衰减频率为184kHz，与图5.19的特性基本一致。

−3dB截止频率＝0.35÷上升时间

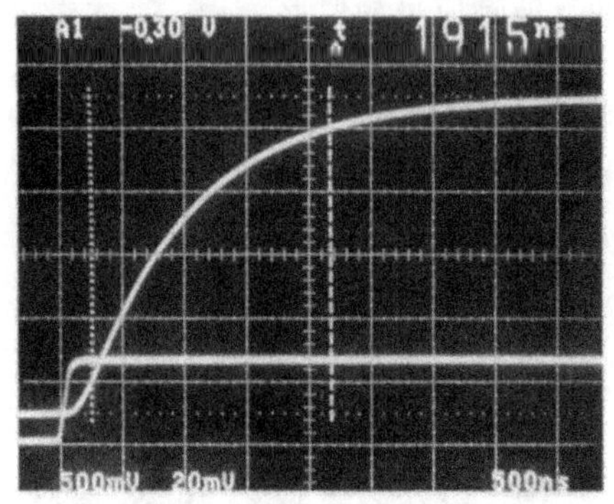

照片5.2 方波响应的上升波形

5.4.4 制作的差动放大器的CMRR特性

测定CMRR时电路连接如图5.11(a)所示，测得的同相增益-频率特性结果示于图5.23。CMRR由下式求得：

CMRR＝差动增益/同相增益

所以由图5.22和图5.23得到了图5.24的CMRR特性。

改变信号源电阻 R_s 值时测得的同相增益-频率特性示于图5.25。当信号源电阻变大时，由于"＋"输入和"－"输入的输入电阻不同，不能抑制低频同相增益的下降；而且由于输入电容不同，也不能抑制高频同相增益的下降，导致CMRR的恶化。

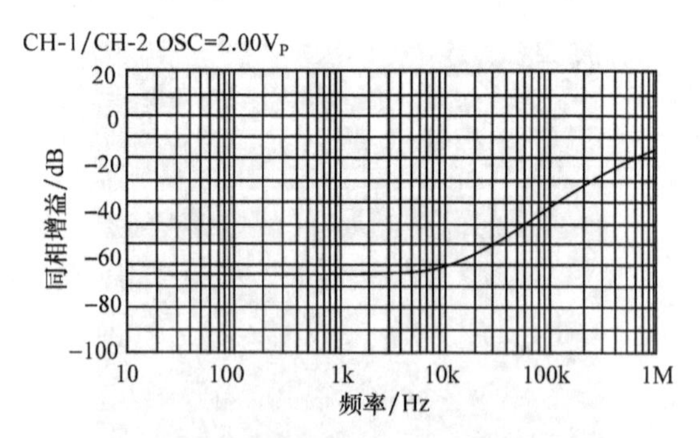

图5.23 制作的差动放大器的同相增益-频率特性

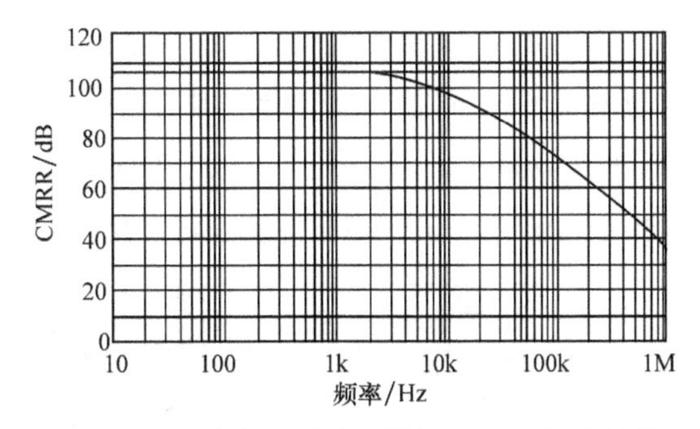

图 5.24 制作的差动放大器的 CMRR 频率特性

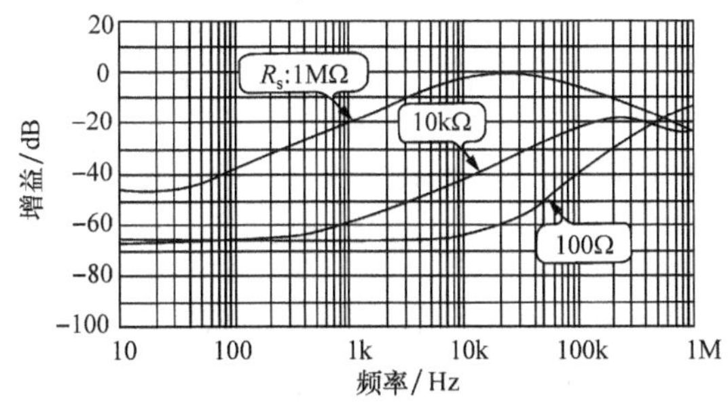

图 5.25 改变信号源电阻 R_S 值时的同相增益-频率特性

5.4.5 噪声与失真特性

图 5.26 是输入短路时的输入换算噪声-频率特性。可以看出在 100Hz 以下 $1/f$ 噪声明显增加。在 1kHz 处为 $19\text{nV}/\sqrt{\text{Hz}}$。

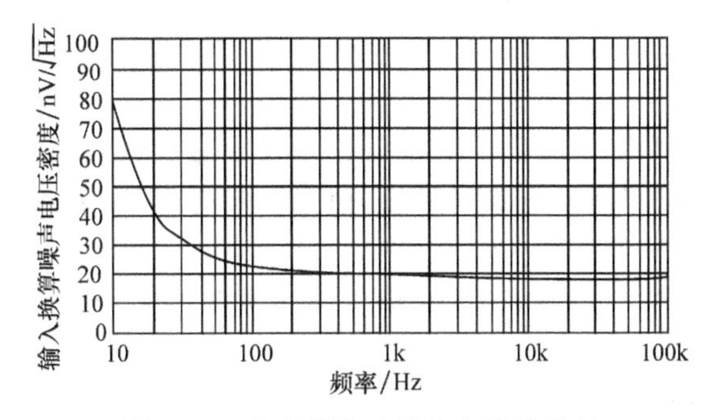

图 5.26 输入短路时的输入换算噪声电压密度-频率特性

制作的图 5.21 的差动放大器中，初级使用了两个 OP 放大器，加上从这里发生的噪声，输入换算噪声增加$\sqrt{2}$倍。LF356 的输入换算噪声电压参数是 $12\text{nV}/\sqrt{\text{Hz}}$，它的$\sqrt{2}$倍就是 $17\text{nV}/\sqrt{\text{Hz}}$，所以图 5.26 中 1kHz 下 $19\text{nV}/\sqrt{\text{Hz}}$的值是可以接受的。

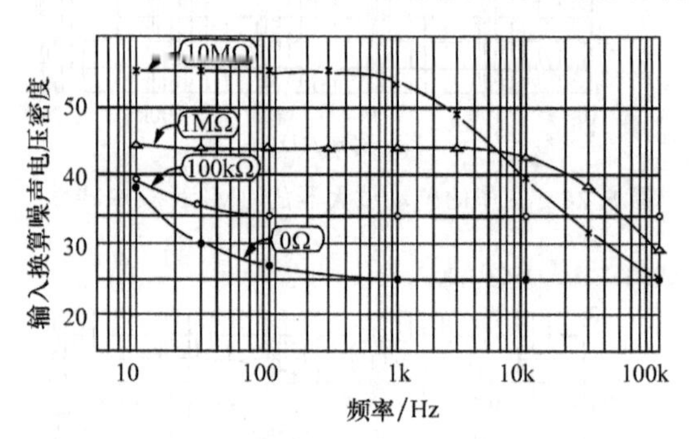

图 5.27 改变信号源电阻 R_s 时的输入换算噪声电压密度-频率特性

图 5.27 是在输入端插入串联电阻时得到的噪声特性(注意：纵轴是取 1nV 为 0dB 时的 dB 值)。正如第 1 章所讲过的那样，电阻上发生的噪声与电阻值的平方根成比例，由输入电容和电阻所决定的截止频率与电阻值成反比。所以结果是在高频范围输入电阻大的噪声低。但是，在高频范围噪声降低时信号同样也降低，所以噪声系数 NF 并没有得到改善。

图 5.28 是用计算机计算所得到的噪声系数图，计算时输入电阻取为 10MΩ，输入电容取为 30pF，由数据表查得 LF356 输入电流噪声是 $0.01\text{pA}/\sqrt{\text{Hz}}$，输入换算噪声电压来自图 5.26 的数据。可以看到在信号源电阻 100kΩ～1MΩ 附近有最低的 NF 值 0.6dB。

与第 1 章制作的基于双极 OP 放大器的数据相比，由于输入阻抗高，所以即使信号源电阻高，信号也没有衰减，所以在信号源电阻高的条件下得到良好的 NF。

但是当信号源电阻低时，由于输入换算噪声电压比双极 OP 放大器大，所以 NF 变差。

图 5.29 是 1kHz 的失真特性。它基本上由噪声决定，没有检出谐波失真。

图 5.30 是输出电压为 $7V_{rms}$ 时的失真-频率特性。当超过 10kHz 时，由于负反馈量减少，导致高次谐波失真增加。

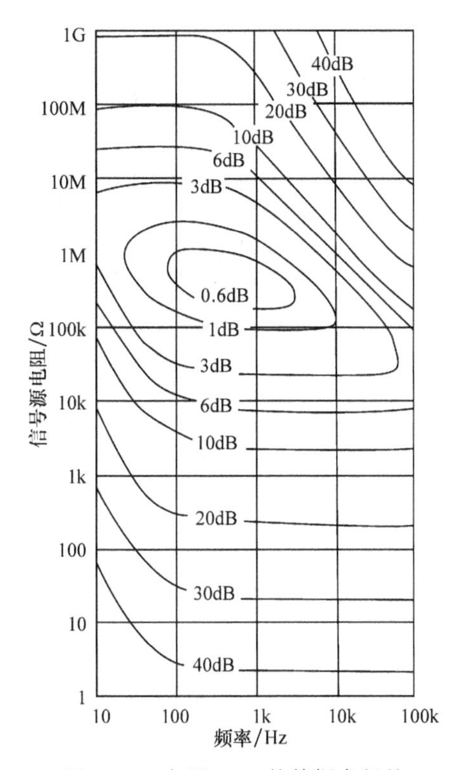

图 5.28 由图 5.26 的数据求得的噪声系数图

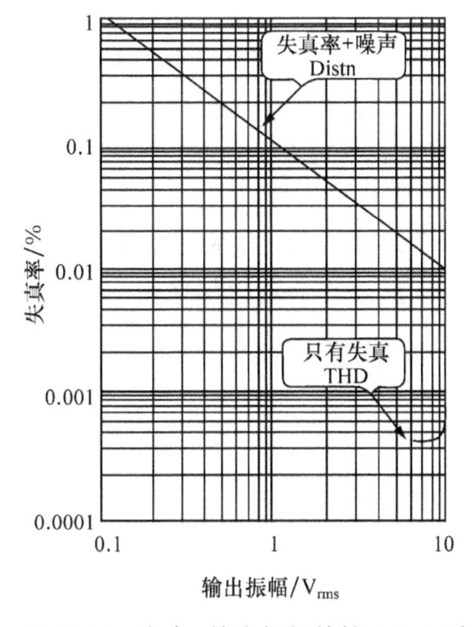

图 5.29 失真-输出振幅特性(1kHz 时)

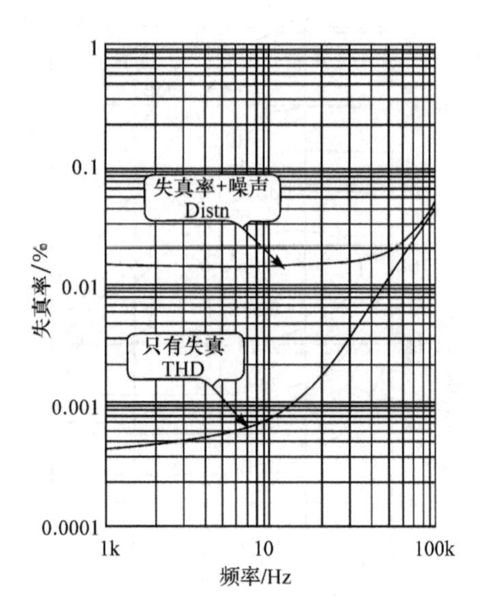

图 5.30 失真-频率特性(输出为 $7V_{rms}$时)

5.4.6 确认电源升压对 CMRR 特性的改善

如图 5.18 所示,如果用输入信号的同相信号驱动差动放大器的电源,那么差动放大器就可以等效地消除同相信号,从而改善了 CMRR特性。实现这个原理的电路示于图 5.31。

为了确保提高差动放大器的输入阻抗,在用 U_4 的 OP 放大器进行缓冲后,用 R_{10}和 R_{11}检出同相信号。Tr_3 和 Tr_4 的电路是保证集电极电流为 0.25mA 的恒流源。所以流过 R_{17}和 R_{18}的电流总是 0.25mA,电位差就固定在 5V。

U_{5b}的"+"输入是同相信号,所以 U_{5a}的输出总比同相信号电压高 5V,这个输出作为 U_1 和 U_2 的正电源使用。相反,U_{5a}的电压比同相信号低 5V,所以作为负电源使用。

图 5.32 示出了 CMRR 的改善结果。可以看出在低频改善了 30dB。

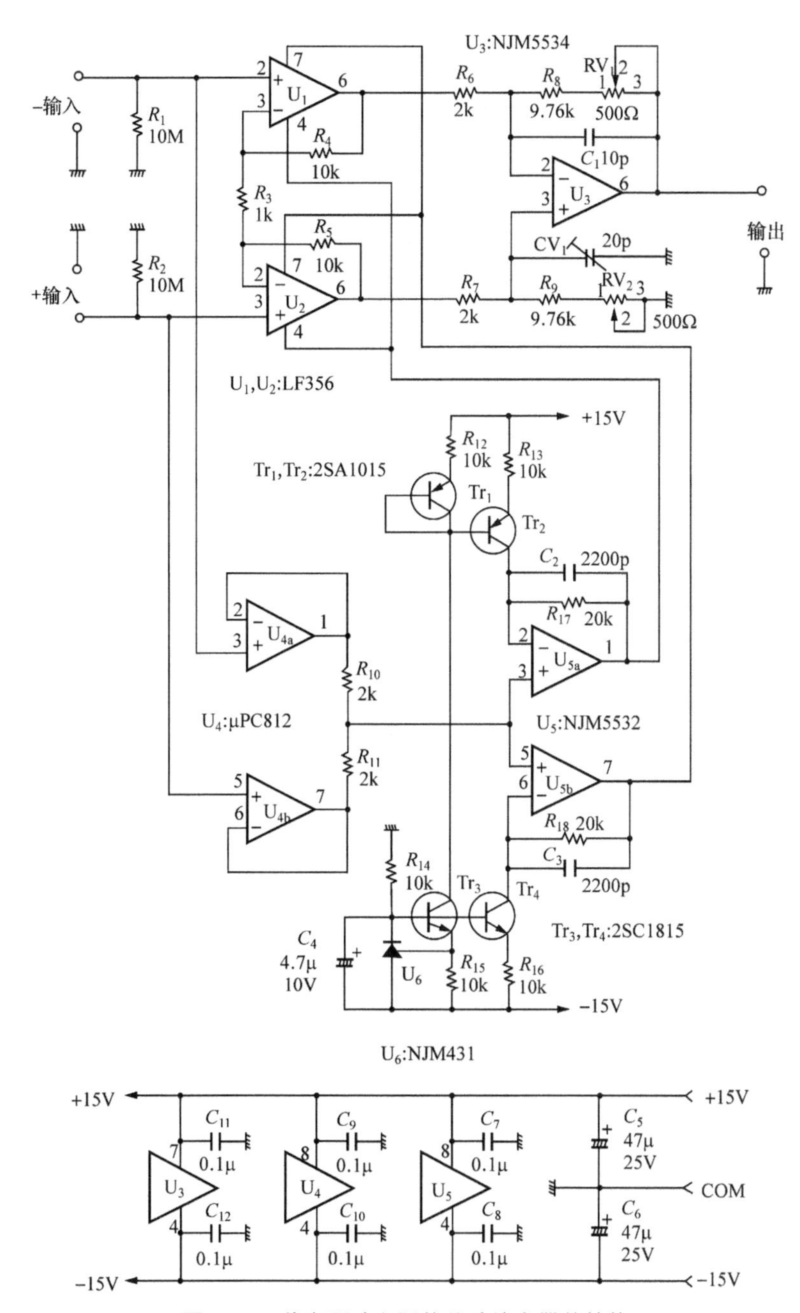

图 5.31　共态驱动电源的差动放大器的结构

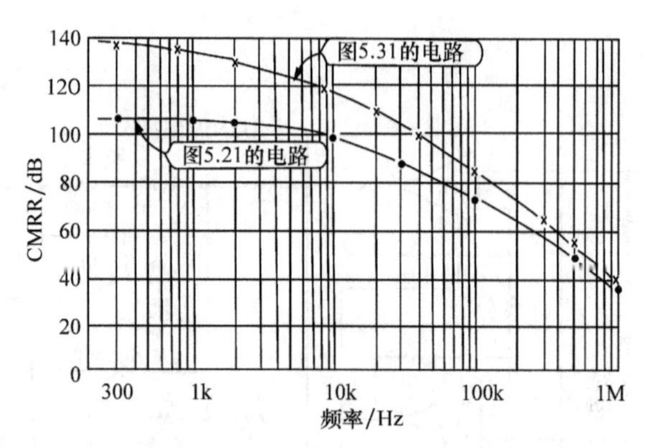

图 5.32 基于差动放大器形式对 CMRR 的改善程度

第 6 章
隔离放大器的使用

信号并不总是相对于地线发生的，也有在大的共态电压上加载信号成分的情况，或者出于安全考虑，希望将信号离地浮置起来。这种情况下需要使用隔离放大器。这是一种比较特殊的放大器，但是在工业设备、医疗电子设备等领域有着重要的应用。

6.1 隔离放大器的作用

6.1.1 隔离放大器

隔离放大器（以下称为 ISO 放大器）就是输入与输出之间电气绝缘的放大器。它不是 OP 放大器那样一般的放大器。在测量设备、医疗电子设备、电力设备等方面被广泛使用。

如图 6.1 所示，如果输入信号的地与负载（输出）的地电位不相同，由于电位差会导致电流流动，因此就不能正常使用。OP 放大器中就会出现这种情况。但是 ISO 放大器却是一种在电位有差异的信号源与负载之间能够进行放大的放大器。

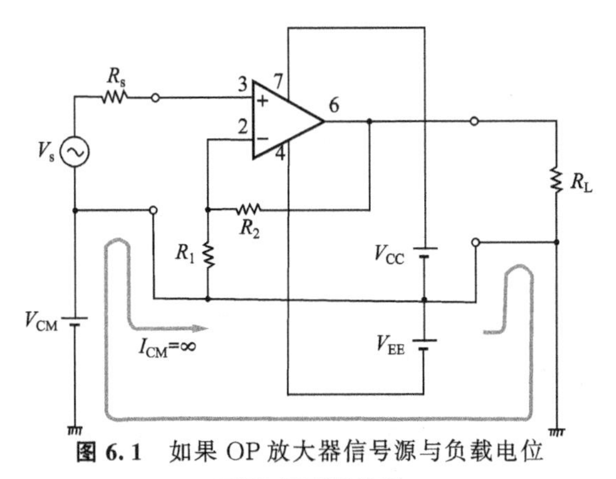

图 6.1 如果 OP 放大器信号源与负载电位不同，就不能使用

如图6.2所示，ISO放大器的输入与输出之间是绝缘的，即使插入电位有差异的电路之间，由于电流不流经地，也能够放大和传输信号。

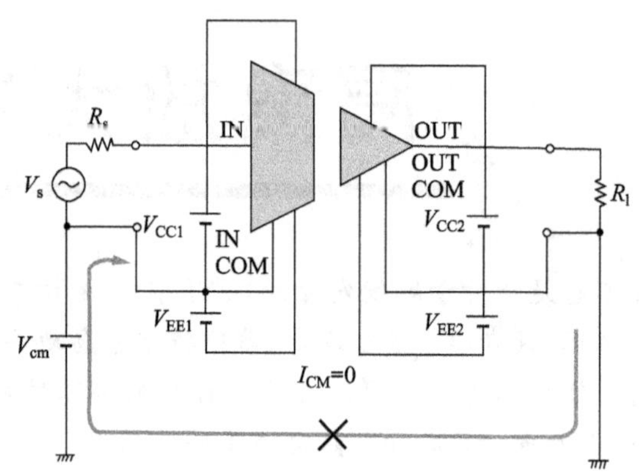

图6.2 ISO放大器的信号放大

6.1.2 处理不同电位的信号

像温度传感器那样，在多个通道使用热电偶的场合，如图6.3所示，被测定物是金属，它们往往处于不同的电位。这时各个输入之间如果不是电气绝缘的，那么在连接传感器时，各被测定体之间就会短路。

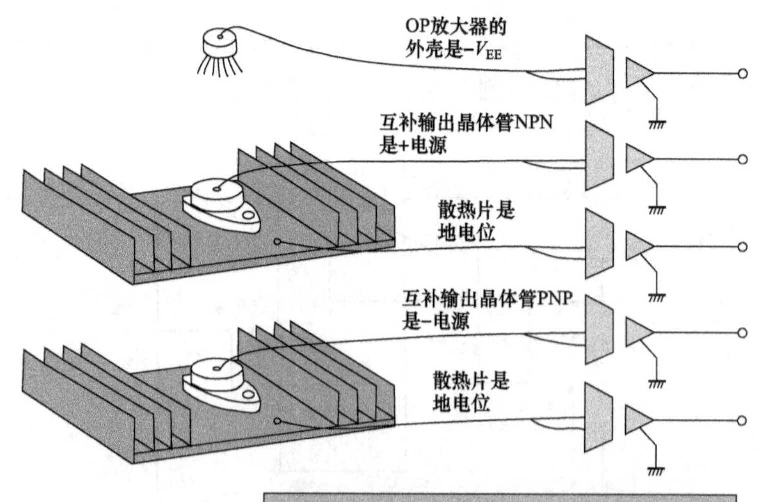

图6.3 多通道的温度测量

所以在多通道的热电偶传感器中，要将各输入绝缘，使得能够对不同电位的多点信号安全地进行测量。

不仅是温度计，在其他对各种信号进行多通道测量、收集的场合，如果输入部分采用ISO放大器，连接时就可以不必介意各信号源的地电位。

在希望自由地连接并使用多通道的放大器的输出时也是这样。图6.4是一例将绝缘的功率放大器连接到多相振荡器的输出，构成△连接的测量、试验用的三相功率信号源。利用输出变压器也可以进行同样的处理，不过使用ISO放大器时的重量比变压器轻，对负载变化的适应能力强，宽带范围内的相位误差小，能够得到精度高的功率信号。

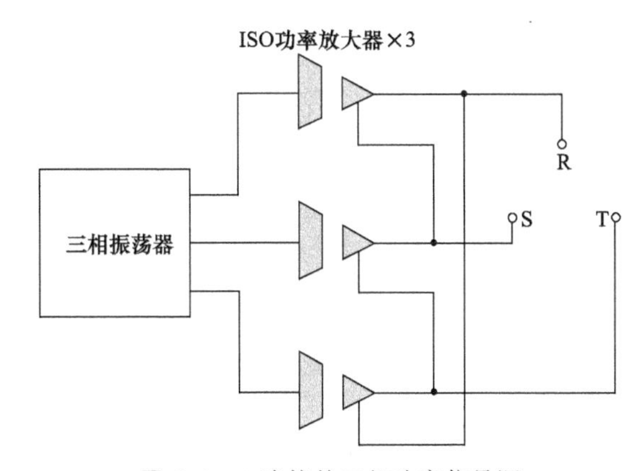

图6.4 △连接的三相功率信号源

6.1.3 切断接地环路

第5章“差动放大器技术的应用”中曾经讲过，在对传感器等信号进行放大的场合，往往会产生基于传感器接地点和负载接地点之间噪声的电位（共态噪声）V_{CM}。于是如图6.5所示，由于共态噪声，电流会流过接地环路（I_{CM1}，I_{CM2}），通过信号电缆线的阻抗，使噪声电压混入到信号源V_s中去。

这时如果使用ISO放大器，如图6.6所示，因为输入与输出间是绝缘的，所以没有共态噪声电流流动，就能够防止共态噪声混入到信号中。

ISO放大器与OP放大器不同，共态噪声电压由绝缘耐压（几十至几百V）决定，所以一般可以允许的值要比信号输入电压范围高得多。

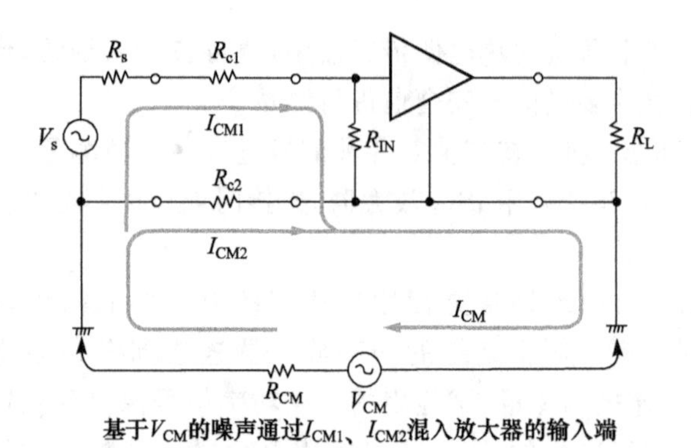

图 6.5 共态噪声的影响

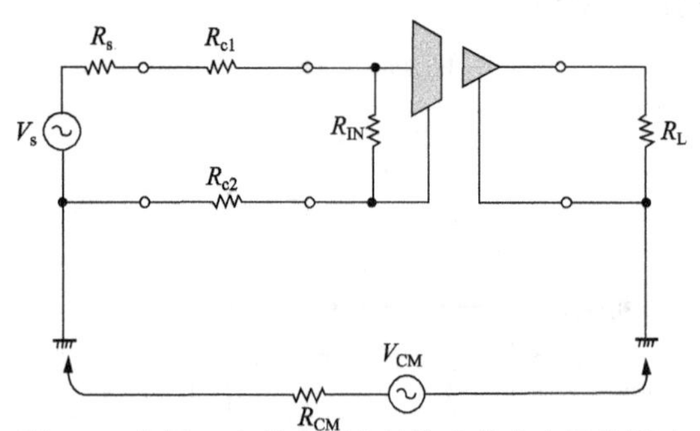

图 6.6 使用 ISO 放大器能够防止共态电压的影响

6.1.4 保证安全,防止误动作和事故的扩大

医疗电子设备中往往利用传感器对患者进行接触测量。这时如果设备发生故障就会使患者触电,导致重大事故的发生。因此除了电源输入等部分的基本绝缘外,与患者接触的探头部分以及内部电路也需要采取绝缘措施,进行双重绝缘。为此,经常使用 ISO 放大器(图 6.7)。

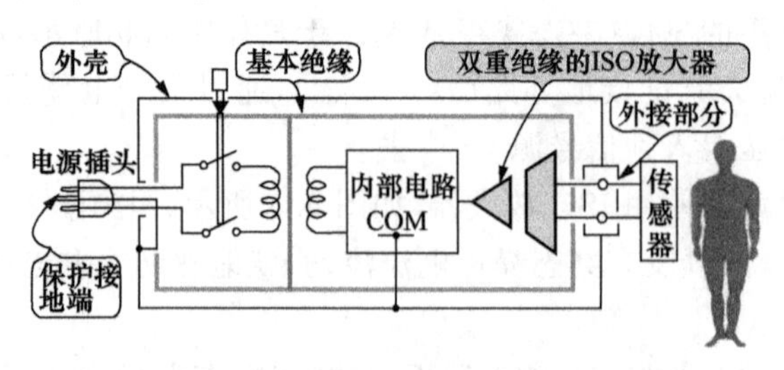

图 6.7 医疗电子设备中需要有双重绝缘

按照JIS(日本工业标准)医疗电气设备的安全通则,根据设备种类的不同,规定应在最高额定电源电压的110%下进行测量时,探头等接触部分的漏电流限制在10～500μA以内。

在这种情况下不仅要求信号的绝缘性,为了保证在规定的漏电流范围内,高绝缘阻抗、可靠性及安全性等都是需要确保的要素。

在发电所、变电所等的监视设备中,为了防止万一,都备有双重防止事故系统以提高安全性,其中绝缘是一项重要的措施。例如针对自然灾害发生的输电线触地、短路,雷电引起的共态大电流等现象,我们可通过电气绝缘的措施防止监视装置发生误动作以及破坏性事故的扩大。

6.2 隔离放大器的结构

6.2.1 ISO放大器的内部结构

ISO放大器的价格比OP放大器稍高些。不过许多厂家生产有多种模块。它的结构示于图6.8。

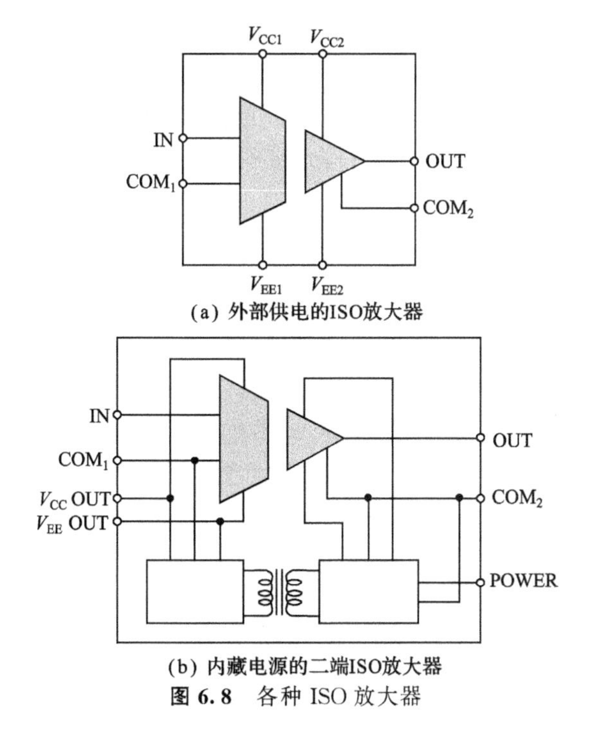

(a) 外部供电的ISO放大器

(b) 内藏电源的二端ISO放大器

图6.8 各种ISO放大器

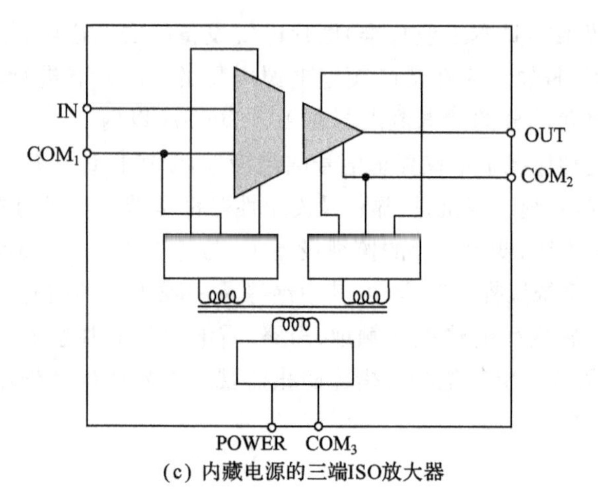

(c) 内藏电源的三端ISO放大器

图 6.8 各种 ISO 放大器(续)

图 6.8(a)是最普通的结构,输入、输出间被绝缘。没有内藏电源,必须由外部给输入/输出部分提供各自绝缘接地的电源。这种模块的优点是当接续于装置之间时,在还准备将电源用于其他电路的场合,价格便宜。

图 6.8(b)是内藏电源的类型,电源的地与输出部分同电位。模块内部内藏绝缘的电源,给输入部分供电。此外还有能够从输入部分输出电源,提供给信号放大用 OP 放大器的类型。

图 6.8(c)的类型叫做三端 ISO 放大器。输入部分、输出部分以及电源部分各自的地之间是绝缘的,所以可以连接电位各自不同的地。

图 6.8 示出的都是不平衡输入形式。当然也有差动输入型的。

6.2.2 应用变压器的 ISO 放大器

变压器是应用历史最悠久的隔离器件(照片 6.1),也叫做磁通隔离器件。它的频率范围宽,动态范围也宽,还能够传送功率,是一种理想的隔离器件。还具有长期稳定性好的特点。但是由于体积大,不适于批量生产,所以近年来对它有些敬而远之。

照片 6.1 用于 ISO 放大器的变压器

当然,变压器不能传送直流。如果希望应用于直流,需要将信号调制成交流后通过变压器(隔离),然后再解调。

用于ISO放大器的调制方法有振幅调制(AM)、频率调制(FM)、脉冲宽度调制(PWM)等。表6.1列举出使用变压器的主要ISO放大器种类。

表6.1 使用变压器的ISO放大器例

型号	绝缘电压/V_{rms}	IMRR @60Hz/dB	绝缘		直线性/%	输出电压范围/V	频率上限/kHz	全功率带宽	电源/V	厂家
			电容/pF	电阻/Ω						
ISO213P	1500(连续)	115(增益:1)	15	10^{10}	±0.025	±5	1	200Hz	电源内藏 +15V	BB
AD210AN	2500(连续)	120(增益:100)	5	5×10^{9}	±0.025	±10	20	16kHz	电源内藏 +15V	AD
AD202K	1500(连续)	105(增益:1)	5	—	±0.025	±5	2	2kHz	电源内藏 +15V	AD

1. 振幅调制/同步检波方式

图6.9是振幅调制/同步整流(AM)方式ISO放大器的框图。图中的振荡器在从直流电源产生载波信号的同时,通过变压器绝缘将功率提供给输入部分。大多数是所谓共用DC/DC转换器的形式。调制/同步整流所用的开关SW采用模拟开关或者二极管开关。

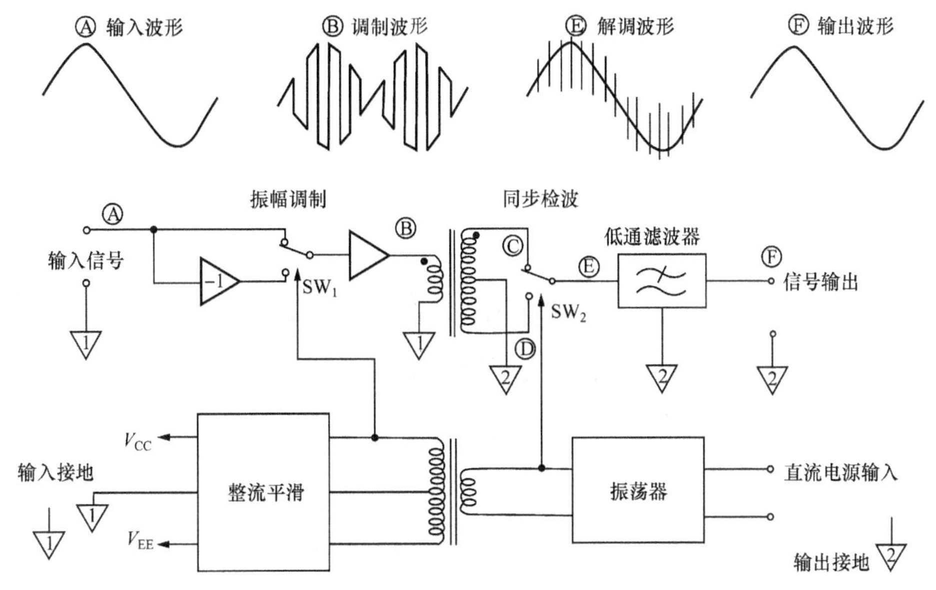

图6.9 基于振幅调制/同步检波方式的ISO放大器的结构

输入的信号Ⓐ首先被变换为非反转波形和反转波形,通过SW_1被载波信号Ⓑ的波形振幅调制。这个被调制的交流波形通过缓冲器后由变压器绝缘导入Ⓒ和Ⓓ。Ⓒ与Ⓑ波形相同，而Ⓓ是反转的波形。

调制波形Ⓒ和Ⓓ通过 SW_2 被与 SW_1 相同的载波进行同步检波，解调出Ⓔ的波形。但是由于 SW_2 后面的变压器或 SW 等产生的时间差和泄露，载波脉冲有重叠，所以要利用低通滤波器除去载波成分。这样就重现出与输入波形相同的波形Ⓕ。

2. 脉冲宽度调制方式

图 6.10 是脉冲宽度调制（PWM）方式 ISO 放大器的框图。X_1 和 X_2 作为函数发生器中的基本电路，就是熟知的驰豫振荡器。X_1 作为积分器工作，X_2 作为施加正反馈的比较器工作。X_2 输出正或者负的饱和电压 $\pm E_C$，当输入电压超过 $\pm E_C \times (R_3/R_4)$ 时就发生反转。

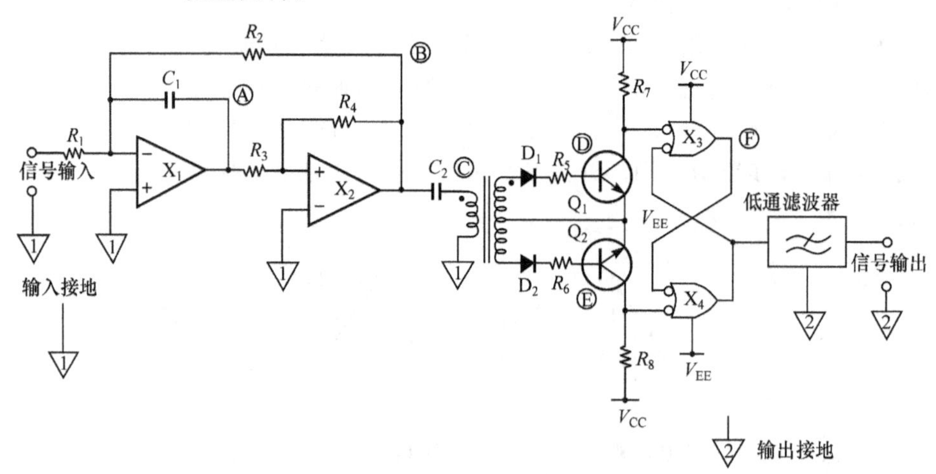

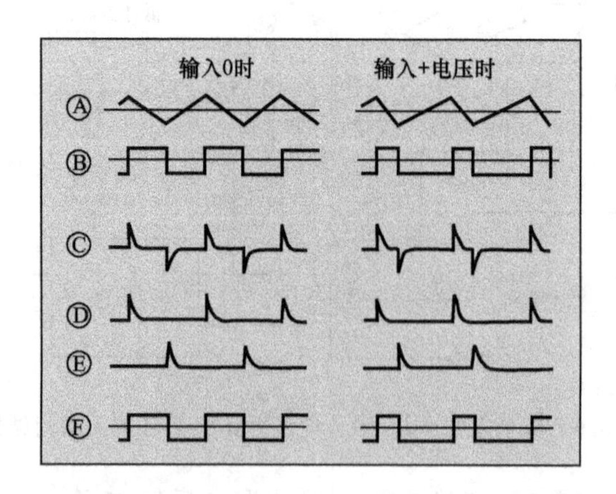

图 6.10 基于脉冲宽度调制方式的 ISO 放大器

例如在输入信号为0的情况下，如果X_2的输出处于正饱和电压$+E_C$的状态，那么积分器X_1以$E_C/(R_2 \times C_1)$的速度下降。如果此时X_1的输出比$-E_C \times (R_3/R_4)$的电压还低，那么这时X_2的输出反转，于是X_1反过来又以$E_C/(R_2 \times C_1)$的速度上升。重复这样的动作，就在X_2的输出发生占空比为1∶1的方波。然后，如果给输入加正电压E_S，X_1的输出变为下降$(E_C + E_S)/(R_2 \times C_1)$，上升$(E_C - E_S)/(R_2 \times C_1)$，在$X_2$的输出得到脉冲宽度与信号输入电压$E_S$成比例的方波。

所得到的脉宽的信号被C_2和变压器的初级阻抗微分，于是Ⓒ的波形就被变压器绝缘传输。通过D_1和Q_1，D_2和Q_2，各自上升、下降的脉冲分别驱动由X_3和X_4构成的触发器，于是在Ⓕ就解调出与Ⓑ占空比相同的方波。将这个方波输入到低通滤波器，除去载波成分，就可以把直流成分提取出来。

这种方式中，由于载波成分比信号成分多，所以需要使用高阶滤波器，或者增大信号频率与载波频率之比。

6.2.3 应用光耦合器的ISO放大器

光耦合器是将发光器件与受光器件封装在一个管壳内，利用光实现耦合的器件（照片6.2）。它与变压器不同，能够由直流传输信号。由于能够小型化，所以许多厂家都在竞相开发产品。但是，与变压器相比，还存在以下问题：

① 线性度较差。

② 特性随温度变化大。

③ 长期稳定性较差。

④ 输送功率的效率非常差。

照片6.2 用于ISO放大器的光耦合器

将光耦合器应用于ISO放大器，由于能够传送直流信号，所以没有必要像使用变压器时进行调制和解调，使电路变得简单。但是，原封不动地使用光耦合器时的失真大，不能作为线性IAO放大器使用。

所以通常使用两个特性相同的器件，利用负反馈对特性进行补偿，从而实现线性的OP放大器。

最近出现一种将模拟信号变换为数字信号后再利用光耦合进行隔离的ISO放大器。它是将模拟信号进行ΔΣ调制后再用光耦合器传送，所以可以避免光耦合器在非线性、长期稳定性、直流漂移等方面存在的缺陷。但是需要有调制-解调-低通滤波器等附加电路，所以电路变得复杂。

表6.2列举出应用光耦合器的ISO放大器产品。

表6.2 应用光耦合器的ISO放大器例

型号	绝缘电压 /V_{rms}	IMRR @60Hz/dB	绝缘		直线性 /%	输出电压范围 /V	频率上限/kHz	总功率带宽	电源/V	厂家
			电容/pF	电阻/Ω						
ISO100AP	750* (连续)	108 (增益：100)	2.5	10^{12}	±0.1	±10	60	5	输入侧：±15 输出侧：±15	BB
CA701R2	2000 (1分钟内)	110 (增益：1)	1.5	10^{7}	±0.025	±10	20	10	输入侧：±15 输出侧：±15	NF
HCPL7800	3750 (1分钟内)	140 (增益:8)	0.7	10^{13}	±0.2	1.18～3.61	85	—	输入侧：+5 输出侧：+5	HP

*：V_{prak}

6.2.4 使用电容器的ISO放大器

图6.11是一种用微小容量电容器作为隔离元件的独特的ISO放大器产品。微小容量电容器能够隔断直流和低频，而允许高频通过。

微小容量电容器的特点是比变压器和光耦合器容易制造，不过为了确保高绝缘阻抗，容量不能过大。另外，由于隔离噪声会加到这个电容上，所以在电路构成上需要采取适当的措施。例如有的厂家采用两个微小容量电容器差动使用的方式。

图6.11中为了实现隔离，采用了基于V/F或F/V转换器的频率调制方式。由于频率调制范围宽，所以难以保证VCO良好的直线性。不过使用将调制器和解调器特性组合起来的VCO，可以对非直线性进行补偿。

表6.3是使用电容器的ISO放大器产品例。

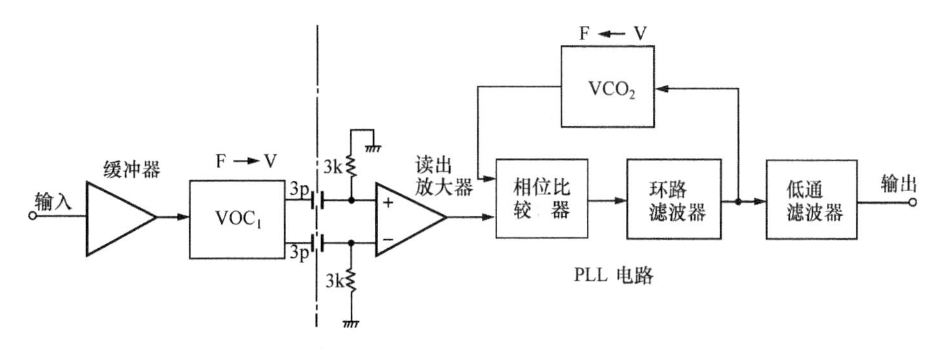

图 6.11 使用电容器的 ISO 放大器 ISO102 的构成

表 6.3 使用电容器的 ISO 放大器例

型　号	绝缘电压 /V_{rms}	IMRR @60Hz/dB	绝　缘		直线性 /%	输出电压范围 /V	频率上限/kHz	总功率带宽/kHz	电源/V	厂家
			电容/pF	电阻/Ω						
ISO121BG	3500 （连续）	115 （增益：1）	2	10^{14}	±0.01	±10	60	32	输入侧:±15 输出侧:±15	BB
ISO107	2500 （连续）	100 （增益：1）	13	10^{12}	±0.025	±10	20	20	电源内藏 ±15	BB

6.3 隔离放大器的特性

6.3.1 选用 ISO 放大器的要点

ISO 放大器的输入-输出之间是绝缘的，可以将电信号变换为磁或者光等能量以后再次变换为电信号。要求它具有与 OP 放大器之类等同的特性通常是有困难的，需要在电路上采取措施才能获得良好的特性。

市场上的各种 ISO 放大器模块，因结构方式不同各有优缺点，其区别在于：

① 输出噪声。

② 直流失调电压的温度漂移。

③ 大输出频率特性等方面，在实际使用时需要非常仔细地斟酌数据表的参数。

ISO 放大器的价格比 OP 放大器高。所以包括整个系统在内，对于在何处、如何进行隔离都需要进行充分的论证。

6.3.2 隔离态噪声抑制特性 IMRR

使用ISO放大器的目的往往是为了抑制共态噪声，不过不能说可以完全消除共态噪声。

表征ISO放大器抑制共态噪声能力的参数是IMRR(Isolation Mode Rejection Ratio)。

差动放大器中的CMRR是同相成分抑制比；同样的在ISO放大器中，如图6.12所示它表示常态的增益与隔离态的增益之比。一般的ISO放大器在商用电源频率范围50～60Hz内可以确保在100dB以上。差动输入型ISO放大器中与IMRR不同，也是用CMRR表征。

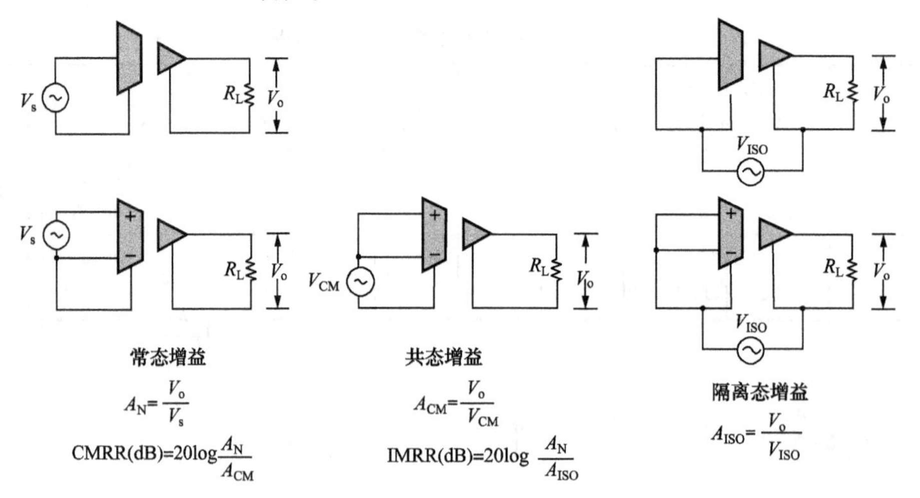

图6.12 ISO放大器的IMRR与CMRR

对于差动放大器的CMRR来说，当信号源阻抗高时，由于输入阻抗和布线电容的波动，CMRR有降低的倾向。在实际工作状态下要确保与参数表相同的高CMRR值比较困难。对于IMRR则没有这种担心。即使对于高阻抗的信号源，也可以期待有效地抑制共态噪声。

另外在ISO放大器中，即使噪声电压的值大到绝缘耐压的程度也可以使用，所以与差动放大器相比，能够允许更高的电压。

6.3.3 绝缘阻抗

ISO放大器的输入与输出之间是绝缘的。不过输入输出间的阻抗不可能无限大。这种绝缘性能用绝缘阻抗来表征。如果这种阻抗低，那么由于共态电压，将有噪声电流——共态电流流过，所以希望尽量增大这种阻抗。

绝缘阻抗由电阻值和电容量两个因素决定，必须特别注意电容的值(图6.13)。绝缘电阻值通常在1G(10^9)Ω以上，而电容值因模块不同而异。

例如10pF的电容，频率为10kHz时的阻抗约为1.6MΩ。比电阻值低得多。所以对于共态噪声的绝缘阻抗来说，几乎都是由电容量所决定。因此，共态噪声电流也受绝缘电容所左右。

在实装到印制电路板上的状态下，由于存在印制电路板图形、布线、屏蔽线等形成的浮游电容，所以绝缘电容比单个ISO放大器模块大，在实装时需要特别注意这个问题。

当使用另外的电源时，同样需要注意电源的输入输出电容。

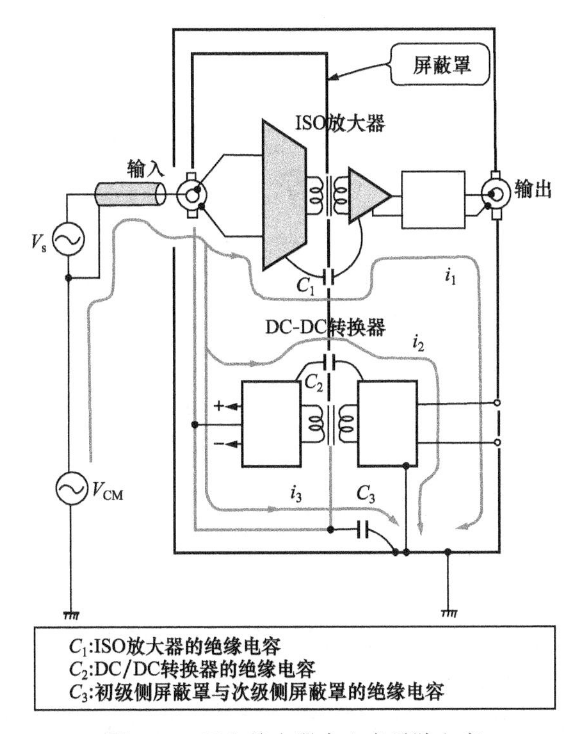

图6.13 ISO放大器中也有浮游电容引起的漏电流流动

6.3.4 ISO放大器的绝缘耐压

在高压条件下使用时，重要的是在输入输出间连续加高压时的绝缘耐压。

绝缘耐压根据模块种类不同，有连续、1分钟、有效值、峰值以及直流值和交流值等多种规定值。即使在交流情况下也要注意频率升高时绝缘耐压会降低。一般来说,使用变压器隔离的模块的绝缘耐压性能更优越些。

对用于连续加高压的ISO放大器,如果要长时间使用,需要对电晕放电的初始电压等性能作充分调查后再购买使用。电晕放电通常是在1kV左右开始发生,不过因放电部位的形状(尖头容易发生)和绝缘材料不同,初始放电电压会有差异。

如果发生电晕放电,接着会发生绝缘击穿。在连续使用的场合,必须选用对发生电晕放电有充分余量的耐压。

有无电晕的发生,可以如图6.14所示,简单地用示波器监视。如果发生电晕,就能够观察到非常细的脉冲状波形。由于脉冲形状非常细,所以示波器的辉度应该调整适当。

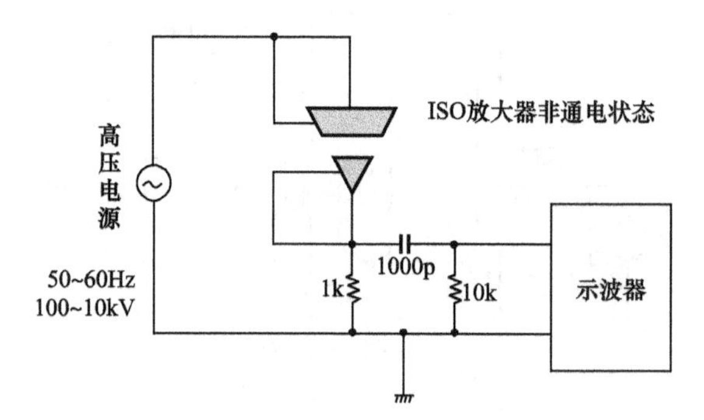

图6.14 电晕放电的检测法

6.3.5 ISO放大器的频率特性

ISO放大器在频率特性方面,一般来说频带不如OP放大器那么宽。多数模块在几Hz到几十kHz范围。其原因是由于隔离需要进行调制/解调。与基于调制/解调的变压器方式相比,线性地使用光耦合器的方式频带比较宽。

在内藏调制/解调的模块中,为了提高响应速度,有时并没有完全消除解调时的波动。当需要高的S/N比时,往往会推荐外接的附加滤波器(图6.15)。另外,由于带宽受到限制,有的模块也提供能够从外部附加电容器的端子。

这样的调制/解调型ISO放大器在频率特性和动态范围之间就有一种折中的关系。在要求高动态范围的情况下,给ISO放大器的输出附加只能允许一定的带宽值通过的低通滤波器,以减少输出噪声,可以获得良好的效果。当然,带宽越窄越能获得高的动态范围。

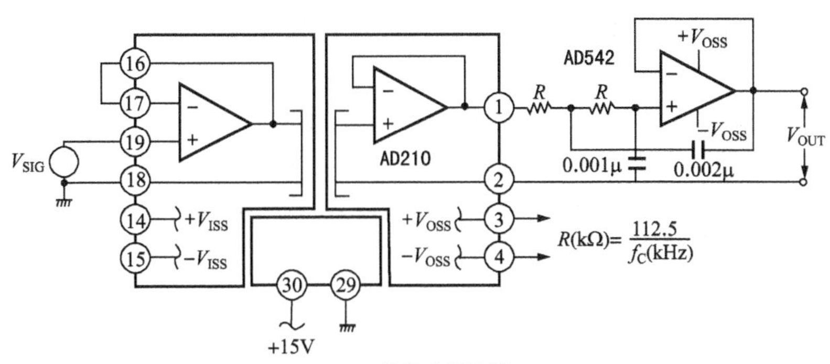

(a) 二端输出滤波器

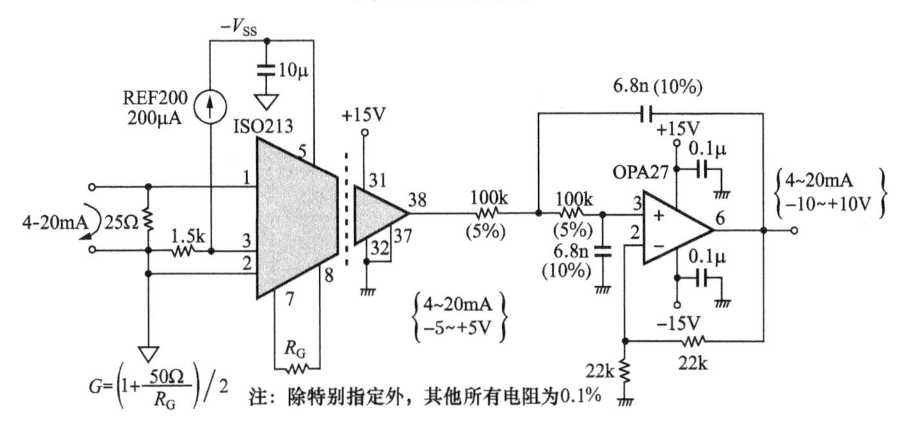

(b) 附有输出滤波器的绝缘的4~20mA电流接收部分

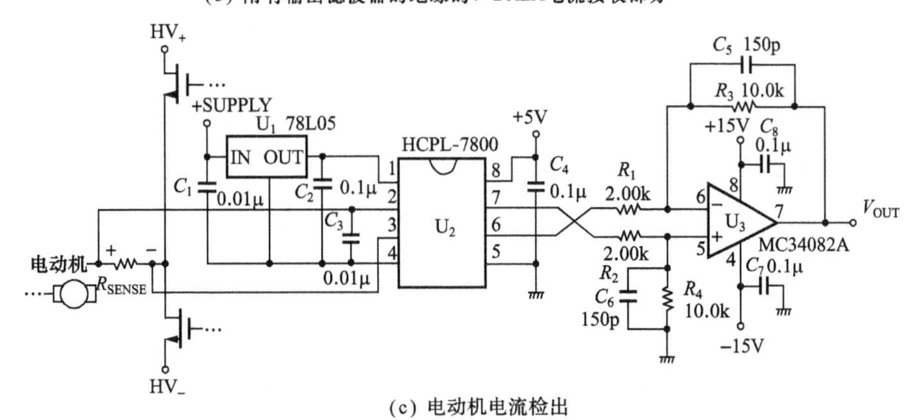

(c) 电动机电流检出

图 6.15 ISO 放大器需要后置滤波器

6.3.6 ISO 放大器的直线性

所谓线性误差就是由于输入电压的值使ISO放大器的增益发生变化。对于直流,用偏离理想直线的最大值对全量程输出p-p值的百分比表示。

这种直线性与直流失调不同,不能调整到零,所以ISO放大器的精度不能在这个值以下。

一般来说,使用变压器的调制/解调型ISO放大器的直线性比光耦合器型好。即使这样,大致的范围在0.01%～0.1%之间,也比一般的OP放大器大。

图6.16是测量直线性的简单电路。旋转增益调整和失调调整的旋钮,使Y轴的电压到最小时,落下记录仪的记录笔进行记录。

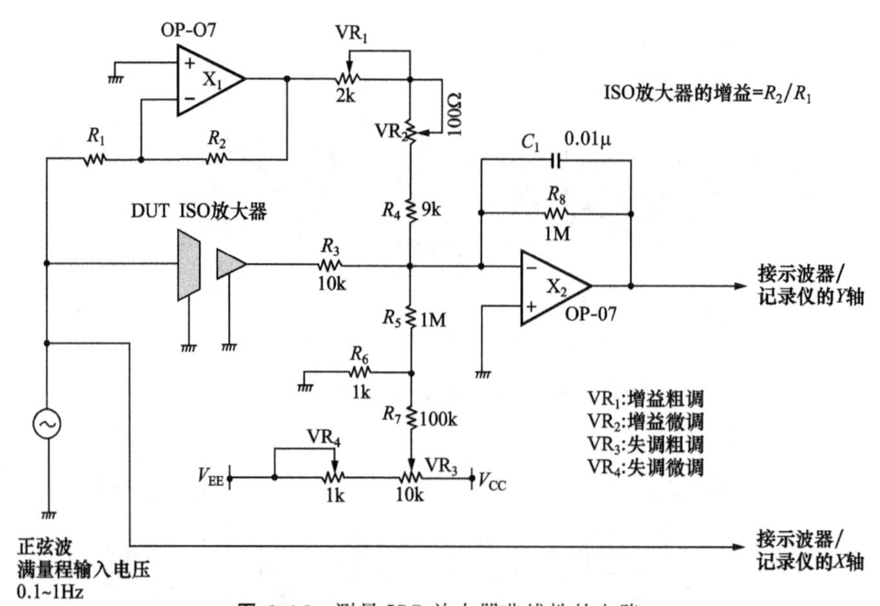

图6.16 测量ISO放大器非线性的电路

6.3.7 ISO 放大器的噪声

在讨论频率特性时曾讲过,在调制/解调型的场合,ISO放大器的输出端除了存在随机噪声之外往往还有载波及失真泄露输出(照片6.3)。而且它与一般的OP放大器完全不同,其值非常大,需要特别注意。

在对ISO放大器模块的输出噪声特性进行比较时,除频率特

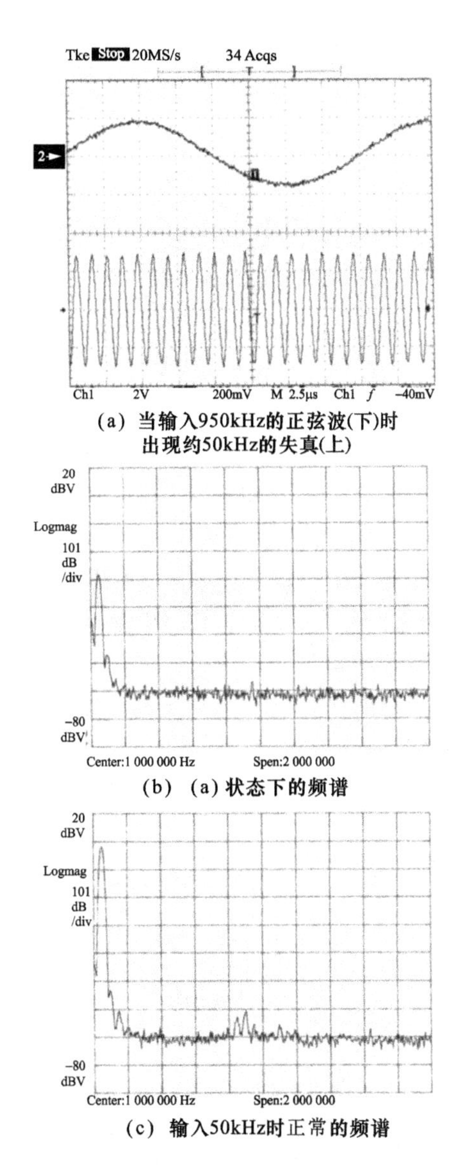

(a) 当输入950kHz的正弦波(下)时出现约50kHz的失真(上)

(b) (a)状态下的频谱

(c) 输入50kHz时正常的频谱

照片 6.3 在 ISO 放大器的输出端,除随机噪声外还会出现载波及失真（采取的措施是在 ISO 放大器之前接入滤波器。图为打印机输出的结果）

性外还必须考虑最大输出电压。因为即使相同的 $1\mathrm{mV_{rms}}$ 噪声电压,如果模块的最大输出电压分别是 1V 和 10V,那么它们的动态范围就会相差 10 倍。

在评价噪声输出时,其基准是动态范围的大小,它是最大输出电压与噪声电压之比。

6.3.8 直流失调的温度漂移

与 OP 放大器相同,这是一种在输入电压为 0V 时,由于环境温度变化引起输出直流电压的现象。在温度变化剧烈的环境中使用时,需要特别注意这个问题。

一般来说,与直线性一样,应用变压器的调制/解调型 ISO 放大器的性能比较好。与噪声相同,可以说出现在输出的失调温度漂移的值与最大输出之比愈大,ISO 放大器模块的性能就愈好。

6.4 隔离放大器的使用方法

6.4.1 隔离放大器与前置放大器的相对位置

图 6.17 是将传感器发生的满量程 100mV 的信号放大 100 倍,得到 10V 的信号输出的框图。这时,

① ISO 放大器的增益是 1,产生 $3mV_{rms}$的内部噪声。

② OP 放大器在 100 倍增益下,在使用频率范围内有 $0.3mV_{rms}$的输入换算噪声电压。

正如从图中看到的那样,图 6.17(a)电路最终输出的噪声是图 6.17(b)电路的 10 倍。

一般来说,ISO 放大器的缺点是内部噪声比 OP 放大器大。

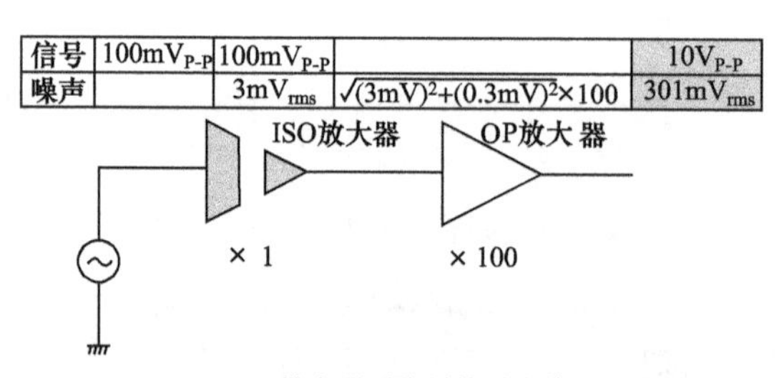

(a) ISO放大器恶化了的噪声特性被放大

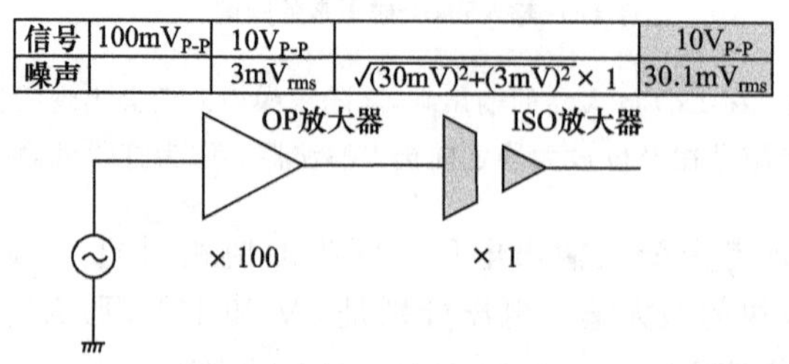

(b) 内部噪声高的ISO放大器配置在OP放大器之后

图 6.17 ISO 放大器与 OP 放大器的前后配置

所以在要求高增益的场合,通常是先经内部噪声小的OP放大器进行充分放大后,最后再使用ISO放大器。

对于CMRR和失调温度漂移也是同样的考虑。特别是对于CMRR来说,ISO放大器配置的位置具有决定性影响。如果先经过OP放大器放大后再输入给ISO放大器,只有常态增益被前级放大提高了,共态增益并没有变化,那么就提高了前级放大部分的CMRR。

在对ISO放大器模块的CMRR性能进行比较的场合,同样也必须考虑增益。

6.4.2 消除噪声的滤波器的配置

我们现在考虑这样一种情况,例如从传感器获得的信号是10mV,这时还有频率比信号高,且具有10倍振幅的噪声叠加在上面。图6.18是针对这种噪声配置滤波器的例子。由于信号含有10倍振幅的噪声,如果立即将这种信号放大1000倍,由于噪声的存在就会使放大器饱和。

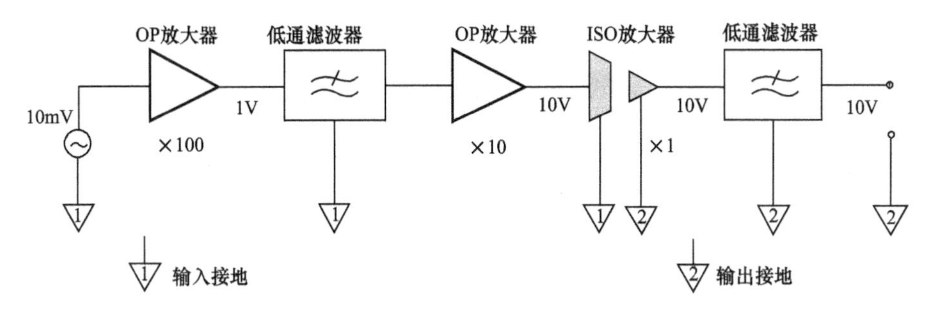

图6.18 低通滤波器的配置位置

因此,应该首先用内部噪声小的OP放大器将信号放大100倍,然后再用低通滤波器将高频噪声滤掉。由于ISO放大器的满量程输入值是10V,所以再放大10倍后输入给ISO放大器。最后,用低通滤波器滤掉出现在ISO放大器输出端的载波泄漏以及无用的高频噪声。

也可以立即把传感器的输出输入到低通滤波器。不过有源滤波器中大多使用OP放大器,所以内部噪声往往比单个OP放大器的噪声大。另外,在*LC*等滤波器中,阻抗往往难以匹配,所以这样的配置要求系统的S/N更高。

6.4.3 不输入无用的高频信号

使用调制方式(除线性地使用光耦合器以外的几乎所有方式)的 ISO 放大器时必须注意的问题是对于高频信号的响应。图 6.19 示出这种情况。

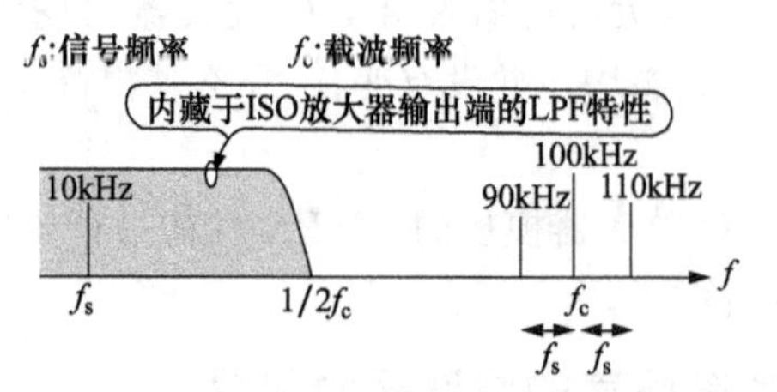

(a) 信号频率10kHz,载波频率100kHz时的频谱

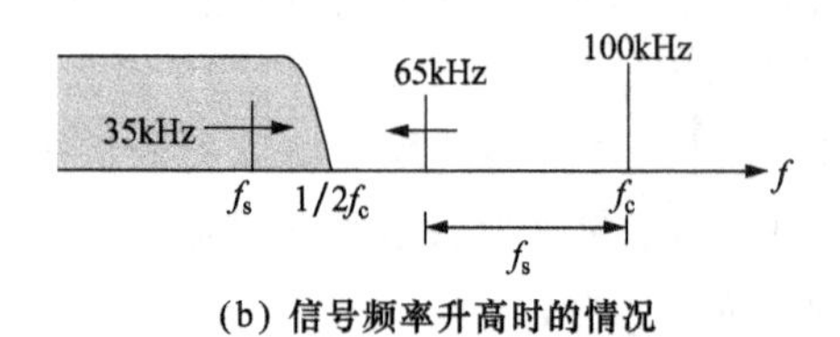

(b) 信号频率升高时的情况

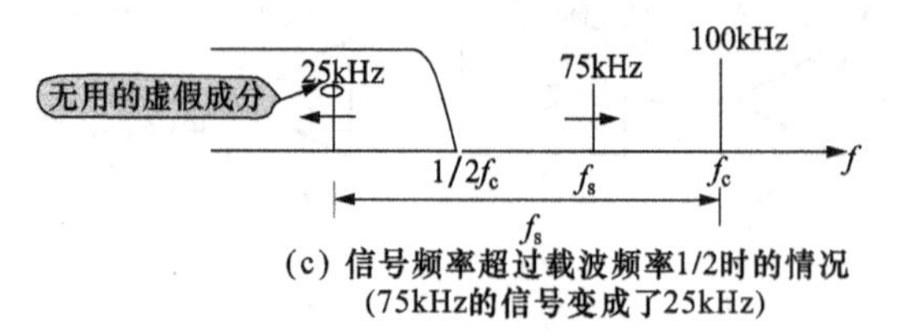

(c) 信号频率超过载波频率1/2时的情况
(75kHz的信号变成了25kHz)

图 6.19 由于 ISO 放大器的调制所产生的频谱

图 6.19(a)是给用 100kHz 调制的 ISO 放大器输入频率为 10kHz 的信号,经调制后 ISO 放大器内部的频谱图。由于调制,在载波频率的两端出现了信号频率的谱线。

如果进一步提高信号频率,如图 6.19(b)所示,在载波频率低端的成分变得更低,接近信号成分。如果信号频率超过载波频率的 1/2,如图 6.19(c)所示,低端的频谱甚至比信号频率还低,这种成分将会通过 ISO 放大器的滤波器出现在输出端。

图 6.19 所说明的是虚假的成分与信号有相同的大小时的情况。虚假成分的大小会因输入放大器等的特性发生变化。另外当频率升高时,振幅自然也会变小。

当然由于调制方式的不同,也有不出现载波成分的情况。就是说在调制方式的 ISO 放大器中,如果输入的频率成分在载波频率的 1/2 以上,就会产生不需要的虚假成分。在具有这种危险性的系统中，必须在ISO放大器的前级插入低通滤波器，在除去不需要的高频信号后再把信号导入ISO放大器。

采用A-D转换方式时，也要插入滤波器防止输入取样频率1/2以上的信号频率成分。两者的道理是相同的。

在不清楚ISO放大器载波频率的情况下，可以认为高于说明书中所提供的使用频带的输入信号成分是危险的。如果输入信号的频率比调制频率低得多，可以不要滤波器。

6.4.4 当噪声源靠近ISO放大器时

当使用开关电源或DC/DC转换器之类时，往往会产生很大的电源噪声——开关噪声。如果这种开关噪声混入ISO放大器，就会对噪声特性产生影响。

在设计高 S/N 系统时，要注意ISO放大器的调制频率和开关电源的频率，当频率成分是两者之差的噪声比较显著时，必须利用高频性能好的旁路电容器抑制电源线噪声，或者更换电源。

在多通道使用隔离放大器时，调制载波之间往往有影响。所以为了多通道使用ISO放大器，应购买有同步输入时钟的模块。这样的话所有ISO放大器的时钟(载波)同步动作，就不会产生影响。

当然，即使调制频率不同步，只要使用载波泄露小的模块也就不必担心了。

6.4.5 ISO放大器的实装——绝缘是重要的问题

设计ISO放大器模块时必须充分注意确保输入输出间的高阻抗，相互之间不干扰。在印制电路板上安装时同样也要注意这些问题。

图6.20是在印制电路板上实装的ISO放大器例。如图6.20(a)所示，如果信号线与另一侧的地之间有耦合电容，那么共态噪声将混入信号线，绝缘性能——IMRR必然会劣化。

在设计或安装ISO放大器时，如图6.20(b)所示，输入-输出相互之间应该用各自的地围起来，并留有足够的距离。这里不详细讨论输入-输出电路在基板上的组装问题，但是如果对高耐压提出要求，如图6.21所示，在输入-输出的间隙处就需要加工细长的缝隙。

从印制电路板上向外引出板间布线时也是同样。布线时注意输入-输出线间不要靠近。

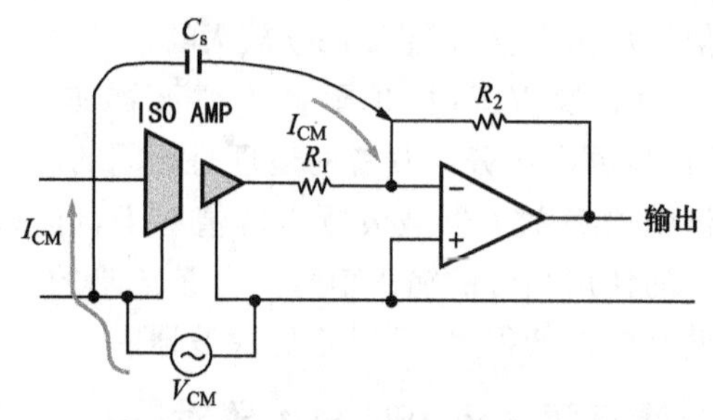

出现在输出端的V_{cm}的影响=$V_{cm}\times j\omega_{cm}C_s\times R_2$

(a) 这种实装的IMRR必定差

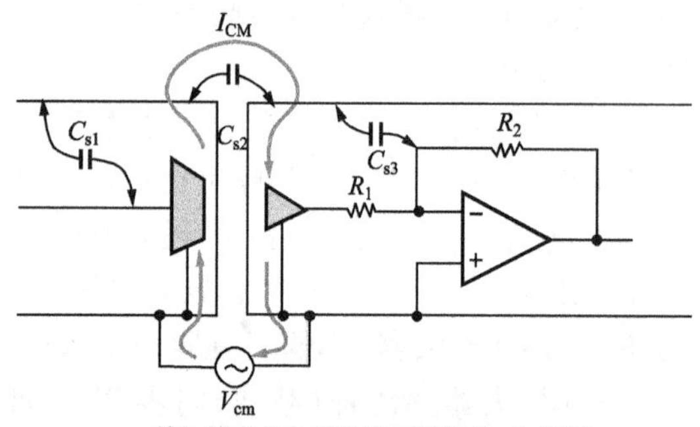

输入输出各自用接地包围起来。I_{cm}通过C_{s2}流入各自的地，不会混入信号中。

(b) 输入-输出间各自用接地包围

图 6.20 ISO 放大器实装时应该注意的问题

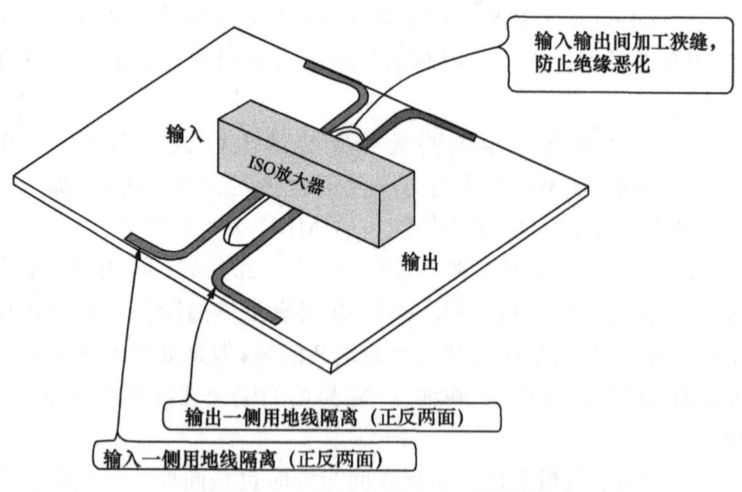

图 6.21 ISO 放大器实装时的基板

6.4.6 外接电源——使用 DC/DC 转换器

有的 ISO 放大器由于没有内藏电源而需要使用外接电源。当要求高 IMRR 和高绝缘阻抗时，对电源模块也必须和 ISO 放大器同样地予以关注。

考虑外接电源时，通常使用 DC/DC 转换器，其中也有非绝缘型的 DC/DC 转换器。要注意绝缘性能参数，特别应该选择隔离电容量小的电源。

关于谐波的影响已经讨论过，当然要求电源输出的开关噪声小。电源线如图 6.22 所示，要插入足够容量的旁路电容器。

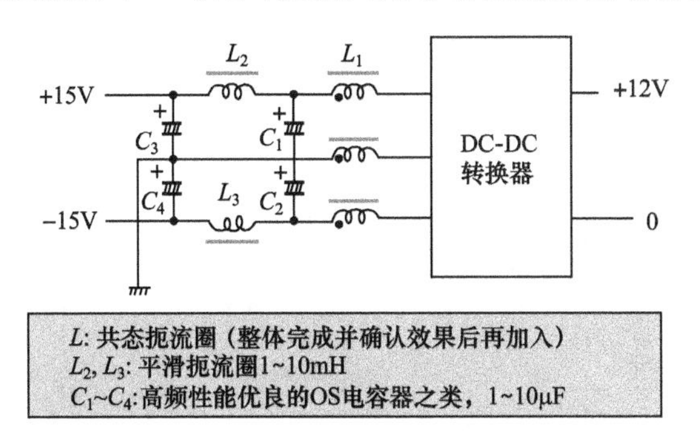

图 6.22 针对电源噪声采取的措施很重要

另外，还要注意 DC/DC 转换器产生的共态噪声。要求对它进行具体规定是非常困难的，一般只提供交流噪声参数。在使用 DC/DC 转换器的场合，重要的是预先试作，在对装置整体作出噪声评价后再确定采用的电源。

6.4.7 不使用 ISO 放大器的隔离的方法

为了实现绝缘，不只可以使用 ISO 放大器，还有许多方法可供选择。

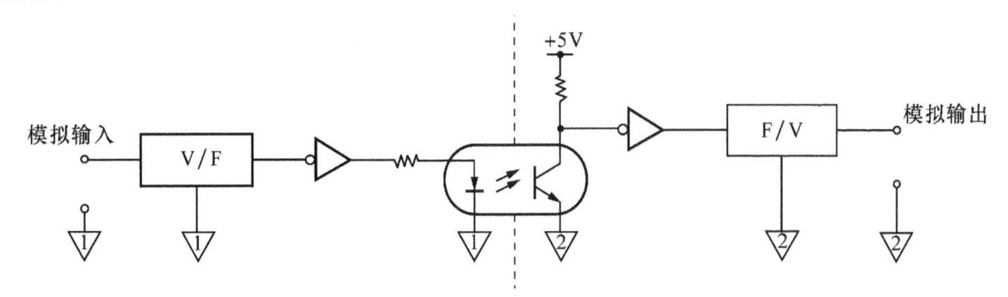

图 6.23 使用 V/F 或 F/V 转换器的隔离

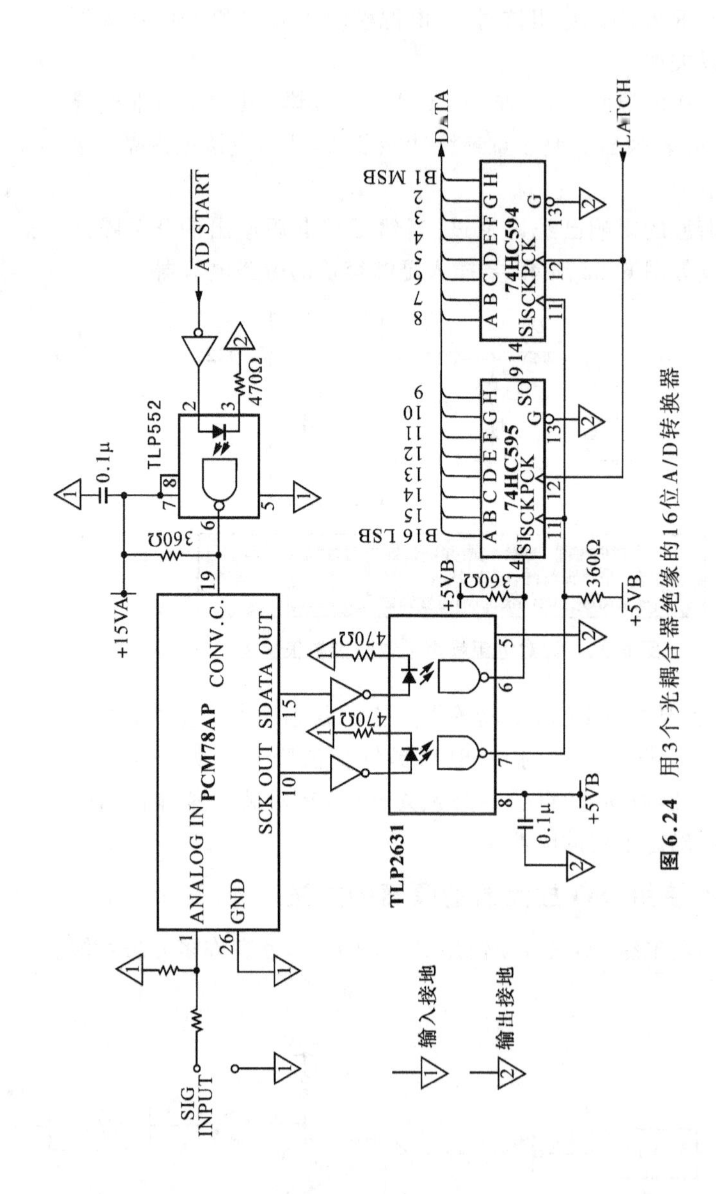

图6.24 用3个光耦合器绝缘的16位A/D转换器

图 6.23 是一种使用更普遍的方法,它利用 V/F 转换器和 F/V转换器。V/F 转换就是所谓的频率调制。商店有便宜的 V/F 或 F/V 芯片,如果在直流范围,就可以简单地实现。

A/D 或 D/A 转换器大量地使用在民用设备中,所以很容易购买到高性能的 A/D 或 D/A 转换器。如图 6.24 所示,模拟信号经 A/D 转换器转换为数字信号后,如果用光耦合器隔离,就能够实现无温度变化影响、长期稳定性优良和高精度的隔离。

这时,如果需要将 A/D 转换后的数字数据并联地隔离,就必须有多个光耦合器。如果如图 6.24 那样使用附有串行数据输出的 A/D 转换器,那么只需要 3 个光耦合器就能够实现隔离。

用光耦合器和 D/A 转换器也能够实现模拟输出的隔离。如果不介意速度的快慢,那么如图 6.25 所示,使用通用微机外围 LSI 的 8253(Programmable Interval Timer)作为模式 1 的程序一次编程使用,用光耦合器隔离输出后再通过低通滤波器,就能够得到与设定数值成比例的直流电压。准确度姑且不论,单调增加性得到了确实的保证。

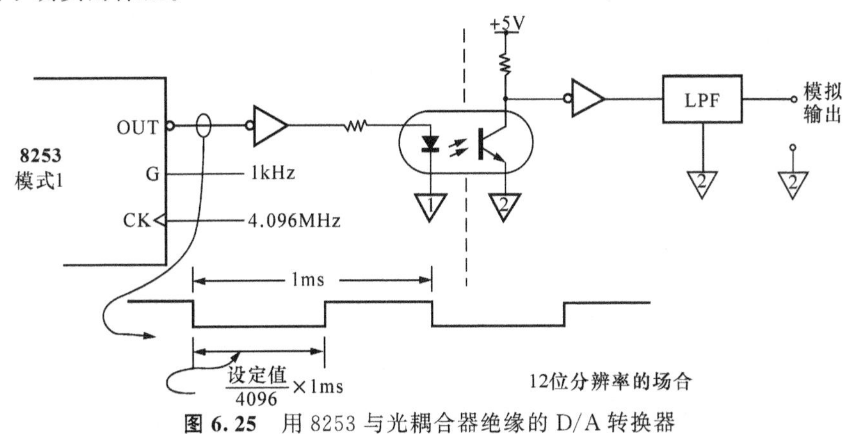

图 6.25 用 8253 与光耦合器绝缘的 D/A 转换器

6.4.8 输入浮置的信号调节器

图 6.26 是使用了 ISO 放大器 CA-701R2 的将输入部分浮置的通用信号调节器。频率特性是 DC～10kHz,增益为－30～＋40dB。可以直接利用 ISO 放大器的输出,或者由 A/D 转换器变换为数字数据使用。

这个电路中,因为可能有高输入电压,所以使用机械式继电器切换－40dB 的增益调整器。OP 放大器 U_1、U_{2B}的增益用模拟开关进行切换,可以实现＋40～－30dB 的量程转换。

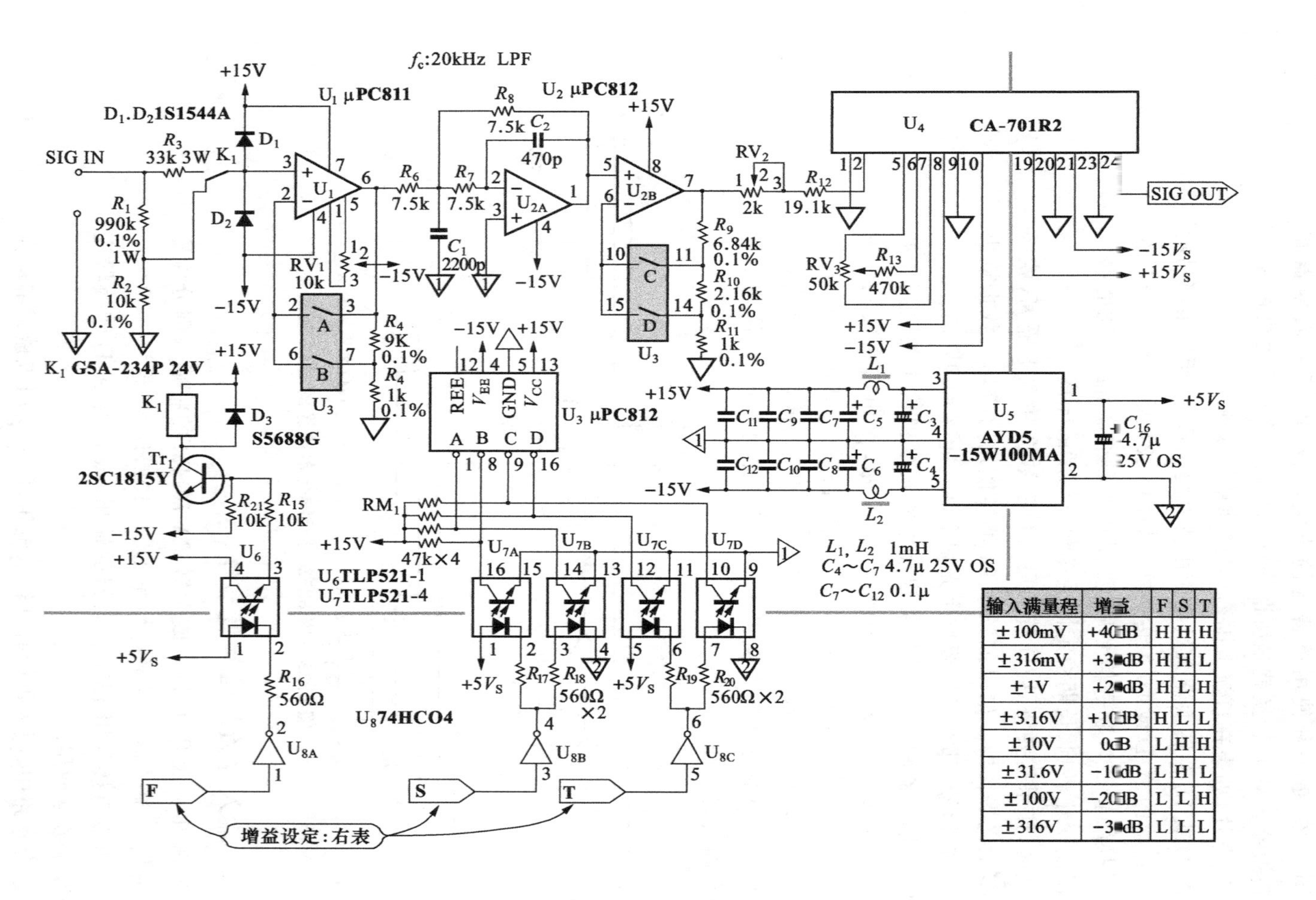

输入满量程	增益	F	S	T
±100mV	+40dB	H	H	H
±316mV	+30dB	H	H	L
±1V	+20dB	H	L	H
±3.16V	+10dB	H	L	L
±10V	0dB	L	H	H
±31.6V	-10dB	L	H	L
±100V	-20dB	L	L	H
±316V	-30dB	L	L	L

图 6.26 使用 ISO 放大器产品的信号调节器

OP 放大器 U_{2A}是截止频率为 20kHz 的低通滤波器。消除高频噪声后把信号加到 ISO 放大器上。

机械式继电器在开闭时的电冲击破坏了接点上产生的氧化膜,可以防止接触不良。如果开闭信号很微弱,不能击穿氧化膜,就会发生接触不良现象。所以使用机械式继电器开闭信号时对最小电压和电流有规定。这里的继电器 K_1 使用一般的继电器,如果要进一步提高增益,在处理微弱信号的场合应该使用水银继电器。

此外继电器由于热电动势会产生 10μV 左右的直流失调电压。在处理微弱信号的场合需要注意不要产生环境温差。

这里使用的 OP 放大器的增益转换方法是改变反馈量。增益变化会引起高频截止频率和相位特性的变化。例如在 U_2 中,μPC812 的 GBW 是 4MHz,当增益为 3.16 时高频截止频率约为 1.2MHz,增益为 10 时约为 400kHz。

但是整体上,频率特性由内藏于 U_{2A} 的低通滤波器和隔离放大器中的截止频率为 10kHz 的 3 阶滤波器决定,增益转换不引起频率特性的变化。

6.5 基于光耦合器的非调制型隔离放大器的制作

第 6 章曾经讲到可以用多种方法实现 ISO 放大器。现在对于噪声特性和安全性的要求不断地提高。由于许多厂家竞相开发 ISO 放大器,所以能够比较便宜地购买到高精度的 ISO 放大器模块。

因此实际使用时直接购买厂家生产的 ISO 放大器模块的情况也多了。这里编入使用方便、容易购买到、且部件少的光耦合器试制 ISO 放大器的方法。

6.5.1 试制隔离放大器

第 6 章介绍过 ISO 放大器大多基于应用调制技术的变压器或者光耦合器。这里拟试制一种结构更简单、基于光耦合器的非调制型 ISO 放大器。

通过试制,可以加深对 ISO 放大器及其特性的认识。

最近出现的光耦合器的种类非常多,其特性也比以往有飞跃性的提高。曾经有不少人都放弃了基于光耦合器实验试作非调制型隔离放大器的想法。但是使用现在生产出的元器件性能已有很大的提高。如果有兴趣的话,不妨进行一次挑战性的试制。

6.5.2 从分析光耦合器的特性入手

要求用于非调制型ISO放大器的光耦合器必须能够线性地传输信号。经常使用的光耦合器是用于传输数字信号的。从产品手册中可以选用直线特性优良的器件。

表6.4是光耦合器TLP621的额定参数。这是一种传统的光耦合器。购买到这种TLP621GR型产品后，用图6.27的电路测得的输入-输出电流特性应该如图6.28所示。

表6.4 线性光耦合器TLP621的特性（$T_A=25℃$）

(a) 转换效率

型号	分档名称	转换效率/% $I_F=5mA, V_{CE}=5V$ 最小	最大	产品表示符号
TLP621	无	50	600	无符号：Y，Y■，G，G■，B，B■，GB
	Y挡	50	150	Y，Y■
	GR挡	100	300	G，G■
	BL挡	200	600	B，B■
	GB挡	100	600	G，G■，B，B■，GB
TLP621-2 TLP621-4	无	50	600	无符号，GR，BL，GB
	GB挡	100	600	GR，BL，GB

(b) 电特性

	参数	符号	测量条件	最小	标准	最大	单位
发光端	正向电压	V_F	$I_F=10mA$	1.0	1.15	1.3	V
	反向电流	I_R	$V_R=5V$	—	—	10	μA
	极间电容	C_T	$V=0$，$f=1MHz$	—	3	—	pF
受光端	集电极-发射极间击穿电压	$V_{(BR)CEO}$	$I_C=0.5mA$	55	—	—	V
	发射极-集电极间击穿电压	$V_{(BR)CEO}$	$I_E=0.1mA$	7	—	—	V
	暗电流	$I_D(I_{CEO})$	$V_{CE}=24V$	—	10	100	nA
			$V_{CE}=24V$，$T_A=85℃$	—	2	50	μA
	极间电容	C_{CE}	$V=0, f=1$ MHz	—	10	—	pF

(c)耦合特性

参 数	符 号	测量条件	最 小	标 准	最 大	单 位
转换效率	I_C/I_F	$I_F=5mA$,	50	—	600	%
		$V_{CE}=5V$ GB挡	100	—	600	
转换效率(饱和)	$I_F/I_{F(sat)}$	$I_F=1mA$,	—	60	—	%
		$V_{CE}=5V$ GB挡	30	—	—	
集电极-发射极间饱和电压	$V_{CE(sat)}$	$I_C=2.4mA$, $I_F=8mA$	—	—	0.4	V
		$I_C=0.2mA$, $I_F=1mA$	—	0.2	—	
		GB挡	—	—	0.4	

(d) 绝缘特性

参 数	符 号	测量条件	最 小	标 准	最 大	单 位
输入-输出间浮游电容	C_S	$V_S=0$, $f=1MHz$	—	0.8	—	pF
绝缘电阻	R_S	$V_S=500V$	5×10^{10}	10^{14}	—	Ω
绝缘耐压	BV_S	AC,1分	5000	—	—	V_{rms}
		AC,1秒	—	10 000	—	
		DC,1秒	—	10 000	—	V_{dc}

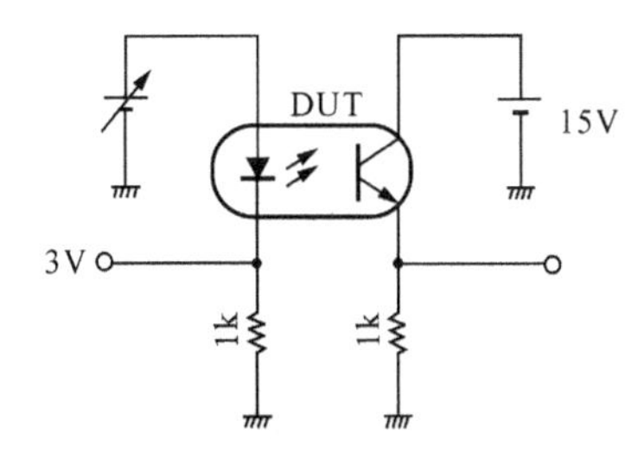

图 6.27 挑选光耦合器的电路

注意当 3mA 的电流流过 LED 时一批 TLP621 产品中的输出电流有一定的分散性,其测量结果如图 6.29 所示。

由图 6.28 可以看出这种光耦合器作为 ISO 放大器使用时线性工作范围良好的输出电流是在以 6～7mA 为中心的±2mA 范围内。所以,就在这个值的基础上进行电路的设计。

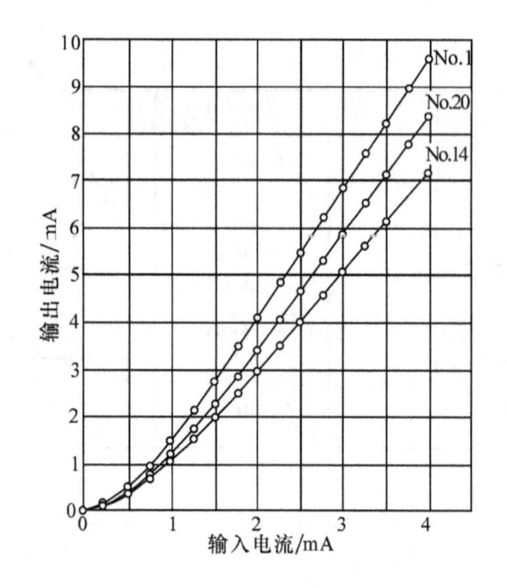

图 6.28 TLP621-1-GR 的输入-输出特性

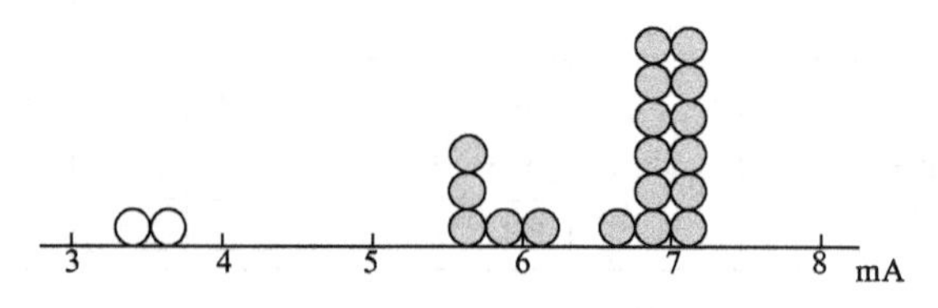

图 6.29 同一批 TLP621-1-GR 的 I_C 值有分散性（I_F = 3mA 时）

6.5.3 隔离放大器的设计

图 6.30 是设计的 ISO 放大器的电路结构。直接用 OP 放大器的输出驱动光耦合器的 LED 是有困难的，为了减轻 OP 放大器的负载，并且为了电流驱动 LED，使用了晶体管 Tr_1。电容器 C_6 和 C_7 用于对光耦合器传输滞后引起的频率特性混乱进行相位补偿。

齐纳二极管 D_1 和 D_2 能使受光晶体管电压 V_{CE} 下降，所以可以避免光耦合器功率损耗引起器件的发热。通过降低电压 V_{CE} 可以减少光耦合器的受光晶体管的暗电流（漏电流），所以可以期待减小温度变化引起的暗电流变化，从而减小直流失调漂移。

输出的直流失调电压通过 VR_1 进行调整，VR_2 可以调整输入-输出增益到 1.0。

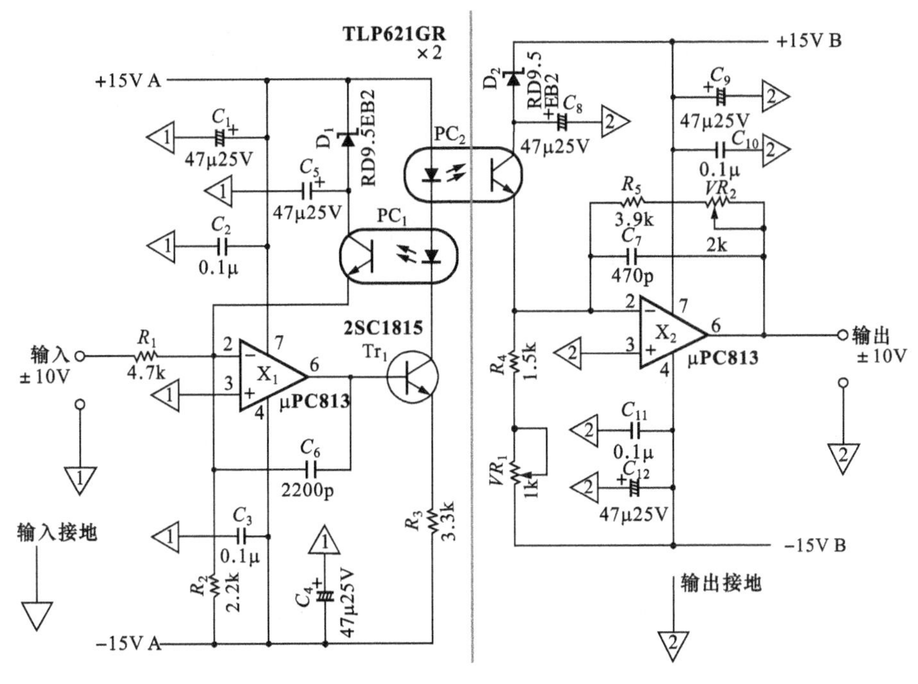

图 6.30 使用 TLP621 的 ISO 放大器电路

当电源电压变动时这个电路中流过 R_2 和 R_4 的电流会变化，从而产生直流失调。如果希望避免这一点，需要将 R_2 和 R_4 做成如图 6.31 所示那样的恒流电路。

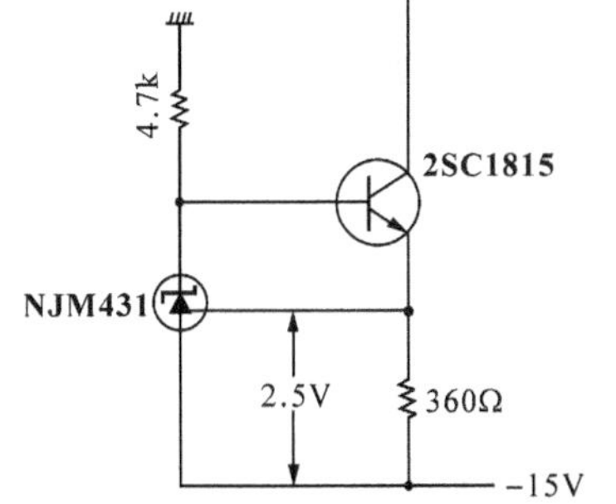

图 6.31 减小电源电压变动的影响的恒流电路

6.5.4 关于线性传输

图 6.32 说明这个电路输入电压变化时工作电流的变化。因为 X_1 的“＋”输入通常是 0V 电位，所以驱动光耦合器 PC_1 时也总使 X_1 的“－”输入变为 0V。由于这种反馈使 X_1 的“－”输入变为 0V，所以流过 R_2 的电流是 15V÷2.2kΩ＝6.8mA。

当输入为 0V 时，流过 R_2 的电流完全来自 PC_1（图 6.32(a)）。

如果给输入加＋10V，那么流过 R_2 的电流就是 10V÷4.7kΩ＝2.1mA，所以 PC_1 的电流就是 4.7mA（图 6.32(b)）。

当给输入加－10V 时，由 PC_1 流入 2.1mA 的电流，所以 PC_1 的电流就是 8.9mA（图 6.32(c)）。如果 PC_2 与 PC_1 光耦合器的电

特性是相同的，那么流过各自的LED的电流就应该相等，于是次级一侧的电流也相等，所以就得到与输入电压相等的输出电压。

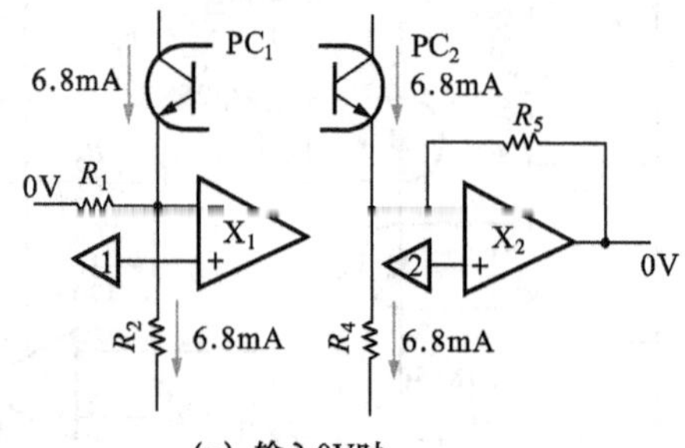

(a) 输入0V时

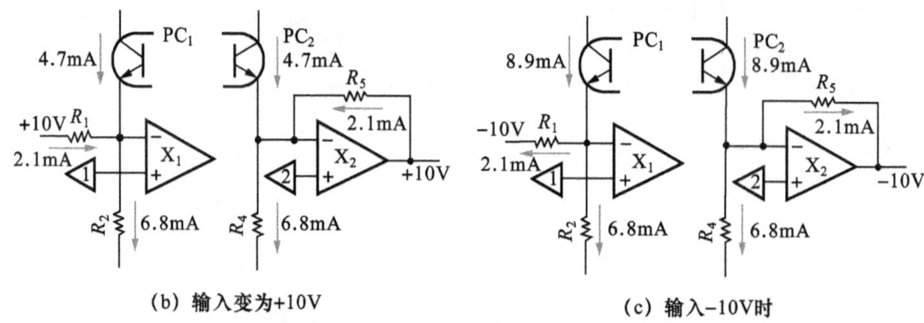

(b) 输入变为+10V　　(c) 输入-10V时

图6.32　不同输入电压下的工作电流

6.5.5　测量频率特性

图6.33是调整相位补偿电容器 C_6 和 C_7 时得到的ISO放大器的增益-相位-频率特性。－3dB衰减频率，即截止频率为70kHz，所以在音频范围具有足够的特性。

照片6.4～照片6.7是实际电路的响应波形。

照片6.4是对1kHz方波的响应波形。由于是直流放大器，所以波形没有垂弛(Sag)等现象，是很漂亮的波形。

照片6.5是输入电压为 $2V_{P-P}$/10kHz时的方波响应波形。就像从图6.33的频率特性看到的那样，高频范围的衰减特性比6dB/oct更陡，出现了因相位失真而导致的一定的凸峰。但是，特性很稳定。

照片6.6是输入电压为 $20V_{P-P}$/10kHz时的方波响应波形。可以看出波形与照片6.5几乎完全相同，说明没有受到转换速率的影响。

照片6.7是波形的上升特性。上升时间为5.2μs。如果有转换速率的影响，也许是2.5V/μs吧。

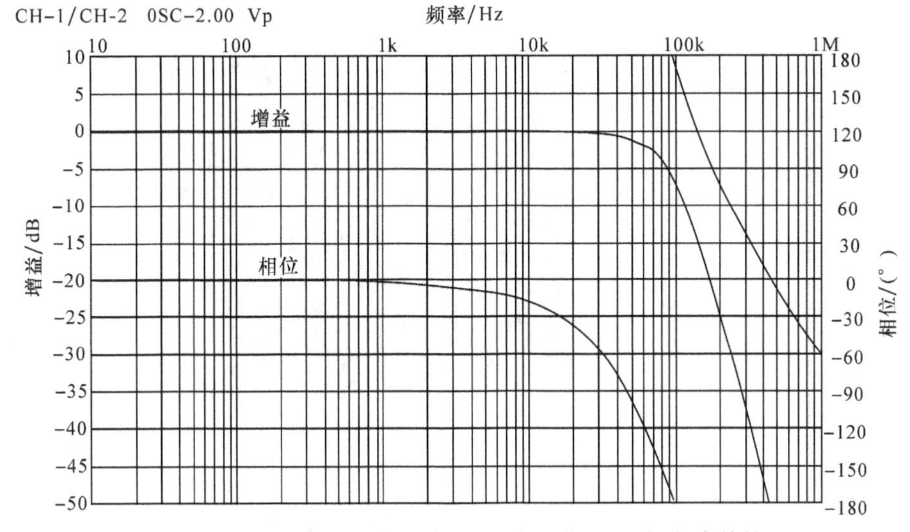

图 6.33 使用 TLP621 的 ISO 放大器的增益-相位-频率特性

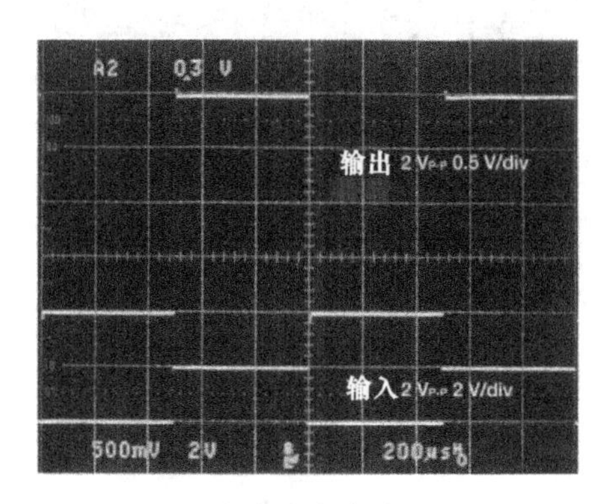

照片 6.4 小振幅方波响应波形(1kHz,200μs/div)

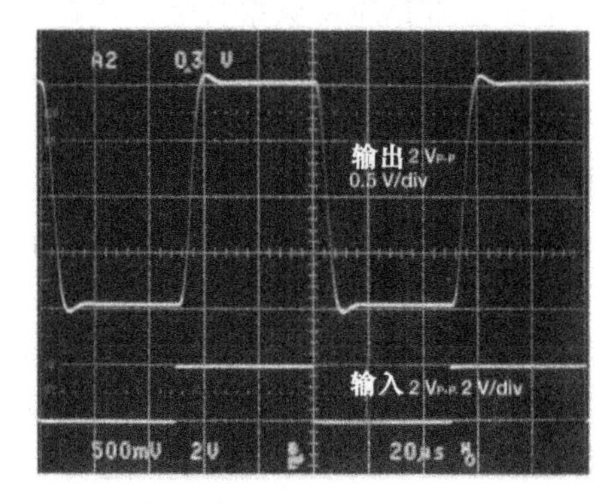

照片 6.5 小振幅方波响应波形(10kHz,20μs/div)

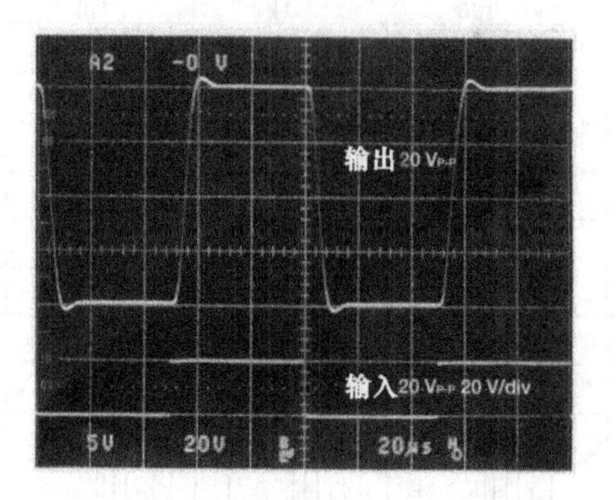

照片 6.6 大振幅方波响应波形(10kHz,20μs/div)

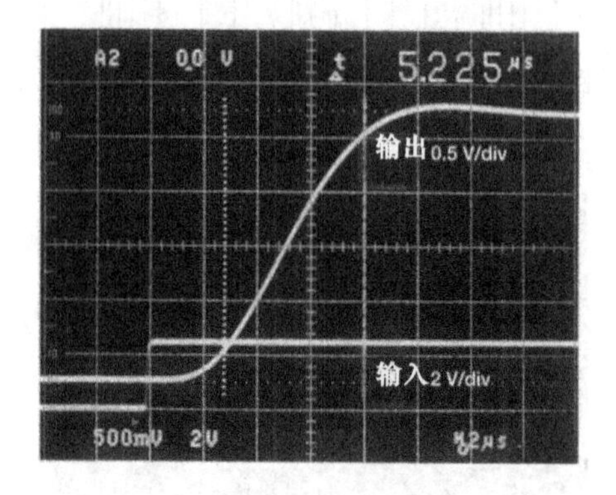

照片 6.7 上升响应波形(2μs/div)

6.5.6 隔离特性 IMRR

图 6.34 是 ISO 放大器一种更重要的特性,即隔离模式的增益(IM GAIN)-频率特性和 IMRR-频率特性。增益-频率特性与 IM GAIN-频率特性之比就是 IMRR(Isolation Mode Rejection Ratio)-频率特性。从图中可以看出,IMRR 在 1kHz 为 85dB,在 10kHz 为 70dB,这个值还是可以接受的。

在使用光耦合器的这种方式中,决定 IMRR 值的主要是将光耦合器的输出电流变换为电压的 *I-V* 电路。图 6.35 示出了这部分电路,是由光耦合器的内部电容 C_p、电路的浮游电容 C_s 以及 OP 放大器的反馈电阻 R_F 构成微分电路。IMRR 恶化的程度与电容、电阻的值成比例。

这个电路中,通过改进屏蔽和元器件的配置可以减小浮游电

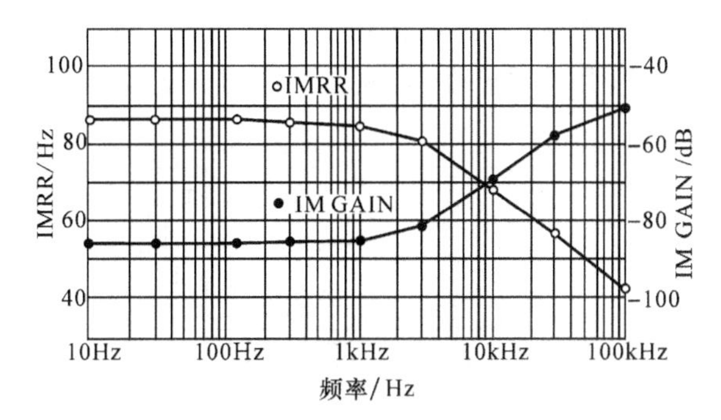

图 6.34 隔离模式增益与 IMRR-频率特性

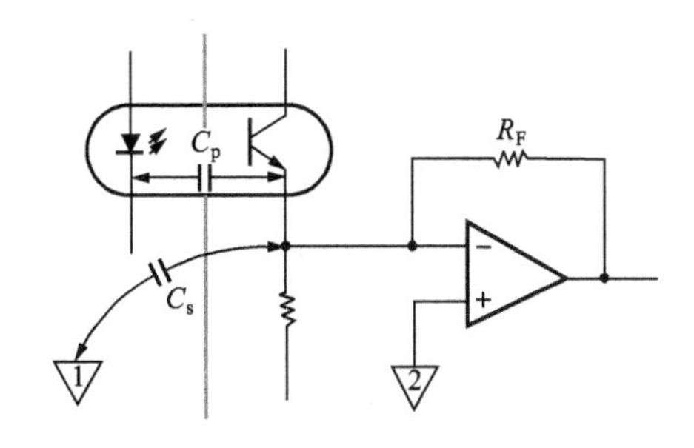

图 6.35 隔离模式的增益

容 C_s 的大小。而 C_p、R_F 的大小则由光耦合器的性能决定。特别是 R_F 的值，如果光耦合器的电流转换效率差，就不得不增大它。

所以在这种 ISO 放大器中，光耦合器的电流转换效率是一个对于 IMRR 和噪声特性非常重要的参数。

6.5.7 失真特性与噪声特性

图 6.36 是输出 $7V_{rms}$ 时的失真-频率特性。在 1kHz 以上，由于负反馈量减少，失真在逐渐增大。

图 6.37 是频率为 1kHz 时的失真-输出电压特性。包含有噪声的失真曲线向左上方增大，失真成分减少而噪声占支配地位的情况一目了然。

照片 6.8 是 $1kHz/7V_{rms}$ 时失真的李沙育波形。波形几乎完全淹没在噪声中。这时包含噪声在内的总失真特性 Distn 是 0.059%，除去噪声的高次谐波失真只有 0.026%。

照片 6.9 是 $10kHz/7V_{rms}$ 时失真的李沙育波形。可以看出与噪声成分相比，2 次失真占支配地位。

图6.38是用图6.27的电路挑选的出来的12个光耦合器(6.75～7.25mA),在10kHz测得的失真结果。说明如果在这个范围内挑选和使用光耦合器时,失真特性的值基本上没有问题。

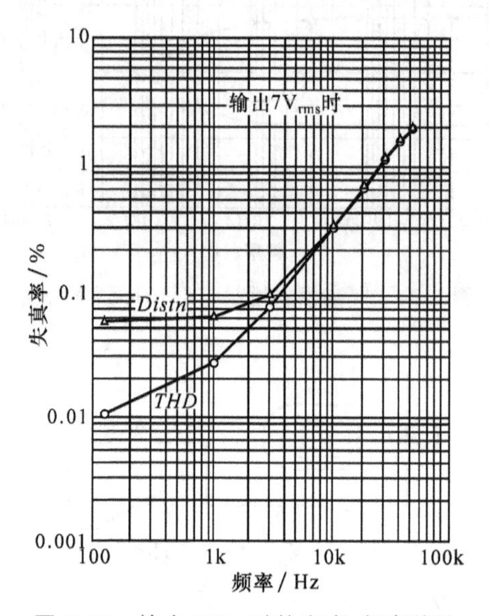

图6.36 输出7V_{rms}时的失真-频率特性

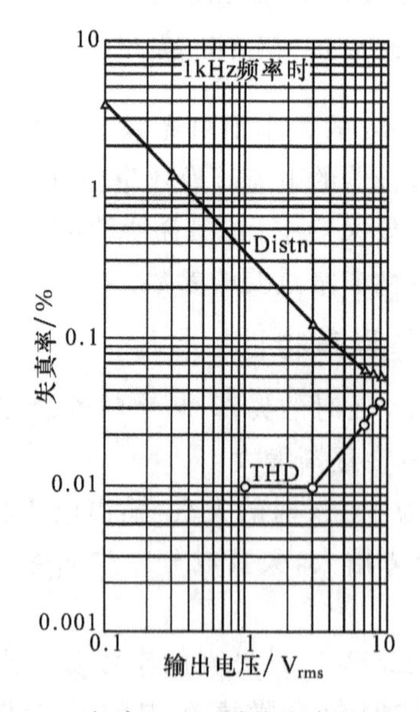

图6.37 频率1kHz时的失真-输出电压特性

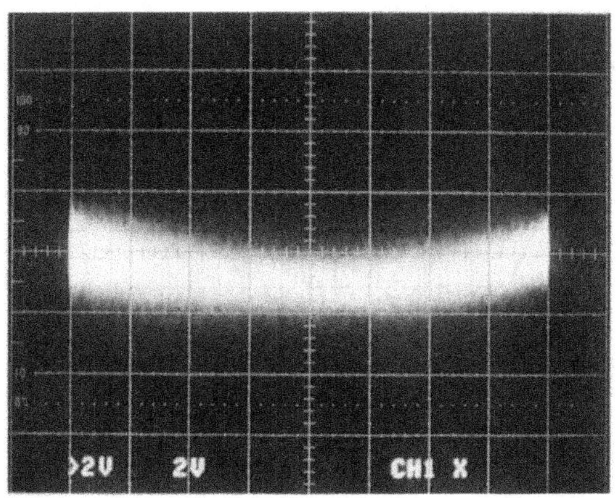

照片 6.8 失真李沙育波形(1kHz,$7V_{rms}$,失真率 0.059%)

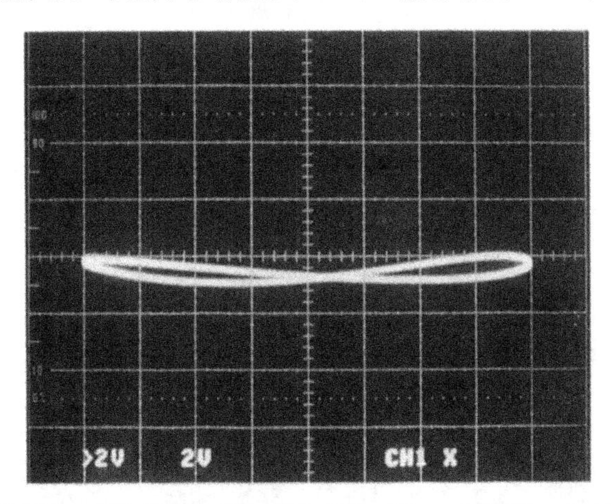

照片 6.9 失真李沙育波形(10kHz,$7V_{rms}$,失真率 0.32%)

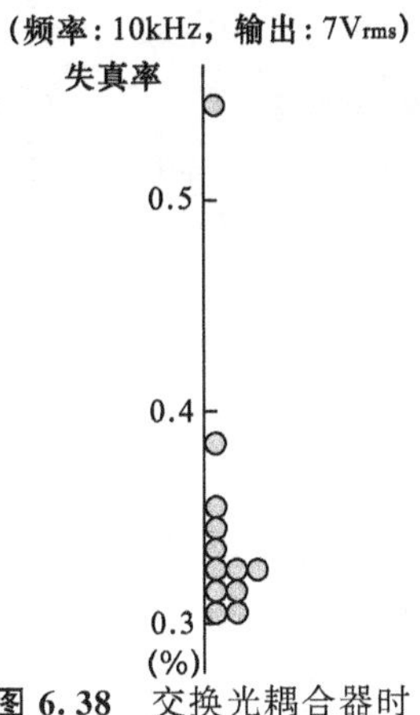

图 6.38 交换光耦合器时失真率的分散性

图 6.39 是使用锁相放大器测得的输出噪声电压密度。低频范围的值很大。由这个特性可以分析限制频率范围时的输出噪声。

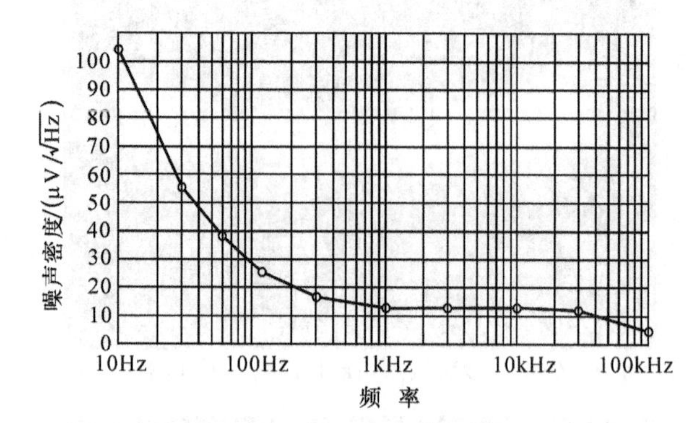

图 6.39 输出噪声密度的频率特性

照片 6.10 是用满量程振幅的 1/100 输入 1kHz 的正弦波时的响应波形。可以看出 S/N 还算可以。照片上没有看到直流失调，不过在这个水平上会比较显著。

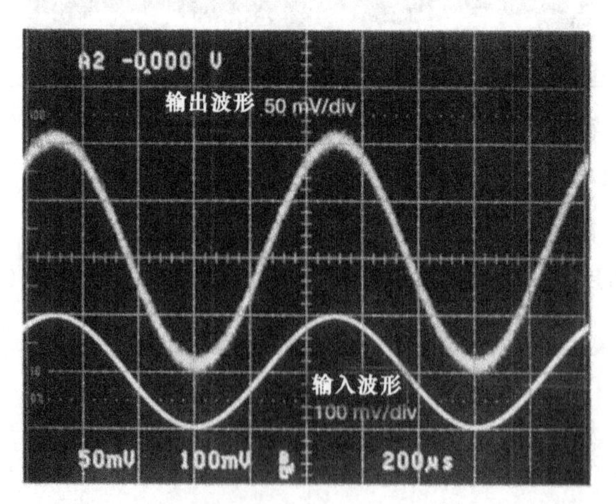

照片 6.10 满量程的 1/100 时的输入输出波形
(1kHz 正弦波，200μs/div)

6.5.8 使用保证特性相似的光耦合器

在这个试制过程中，由于购买元器件的原因，只能从普通光耦合器中挑选出特性相似的元器件来制作电路。其实在购买元器件时就应该预先保证元器件具有相似特性。

图 6.40 是使用典型的 CNR201 制作的 ISO 放大器的结构。

如果能够提供特性一致的光耦合器,特性优良的 ISO 放大器还是容易实现的。我们期待今后光耦合器的特性进一步改善。

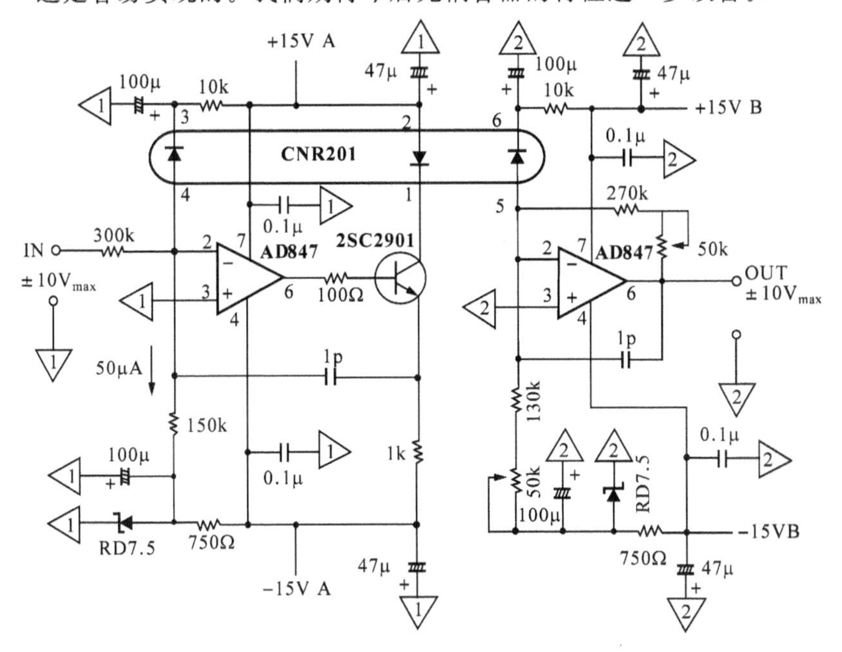

图 6.40 使用 CNR201 的 ISO 放大器电路